わが子からはじまる
クレヨンハウス・ブックレット　009

原発被ばく労働を
すか？

本書は、２０１１年10月10日にクレヨンハウスで行われた講演「原発労働を知っていますか」をもとに、２０１２年6月18日現在の状況やデータに基づき加筆、修正のうえ再構成したものです。注は編集部作成。

クレヨンハウス

はじめに　わたしが原発を追うようになったわけ

●公害写真家としてのスタート

わたしは、信州の標高1000メートルの山の中の寒村の農家に生まれました。1943年の戦争末期には小学校1年生で、食べるものもない貧しい暮らしをしていました。そして大人になり、川崎の製鉄所で起重機の運転手として24時間操業の過酷な労働体験をし、「農民も工場労働者も、社会の最底辺にいる」と感じました。その後高度経済成長時代、ロバート・キャパ（＊1）の写真に出会って感銘を受け、20代半ばで報道写真家を志しました。写真家として労働・公害問題をテーマに選んだのは、それまでの生活体験が基盤となっていると思います。

わたしの写真家人生は、1960年代、「四日市公害」の取材からスタートしました。「四日市公害」は、三重県四日市市にある石油化学コンビナートの排煙による公害で、当時、日本が「富」を築いていく裏側にあった象徴的な姿でした。わたしは「四日市公害」を7年間追い続け、裁判にもかかわりました。「富」は大都市に行き、その「富」を生み出した現地には、公害が残ったのです。そして現地の空気や海を汚した当人は知らん顔をして、「富」を貪《むさぼ》っていました。

わたしは、これが許せませんでした。四日市公害だけではなく、**「豊かさ」の裏にはいつも産**

四日市の石油化学コンビナートは「100万ドルの夜景」ともてはやされたが、亜硫酸ガス、硫酸ミストなどを昼夜問わず排出し続けた。後ろは第一コンビナート。（1968年12月1日、三重県四日市市）

石油化学コンビナートの排煙により市民はからだを侵され、2006年までに2000人以上の患者と600人の死者を出した。肺気腫、気管支喘息、慢性気管支炎などを引き起こし「四日市ゼンソク」という固有名詞を生んだ。（1969年2月4日、公害激甚地区の三重県四日市市磯津にて）

業公害があり、公害によってからだを壊す市民や、差別に苦しみながら働く労働者の姿がありました。公害問題は、人権問題でもあるのです。

「労働者を犠牲にしながら国が栄える」という考えは間違っています。誰も犠牲にならない社会でないと、本当に「豊か」とは言えません。わたしは、「こんなことをしていたら、いつか日本は潰《つぶ》れてしまうぞ」と予感しました。そして四日市公害だけではなく、日本中の公害を写真に撮ってやろうとこころに決めたのです。

写真に撮ることによって、普段光の当たらないひとびとに光を当てることができるなんて、こんなにすばらしい仕事はないと思ったのです。みな、だまっていても光の当たるほうへ行ってしまうなか、せめて自分だけは世の中の矛盾や不条理を追求しよう、とこころに決めました。

（＊1）ロバート・キャパ……報道写真家（1913〜1954）。20世紀を代表する写真家として知られている。スペイン内乱、第二次世界大戦などで、数多くの重要な場面を記録した。

●原子力発電を40年以上追い続けて

近代日本が「豊かさ」を築いていくうえでエネルギー産業が大きく貢献しましたが、1960年代後半から、エネルギー燃料は石油からウラン（原子力発電）へと移り変わっていきました。それから約40年間、わたしは原子力発電所の労働を取材し、多くの被ばく労働者を見続けてきました。原発では、もっとも危険な現場に、その危険性を充分に説明することなく、弱い立場にあるひとたちを送り込むのです。それはマスコミにも出ない危険な暗黒労働です。

原発は国策として進められ、「クリーンで安全な核の平和利用」と国民は信じ込まされてきました。しかし現実には、労働者がいのちがけで電力を生み出し、また、日常的に放射能を環境中へ放出していることを、当時は誰も想像していなかったでしょう。

いまから40年前、電力会社は「労働者に被ばく者なんてひとりもいない」とわたしの前で堂々と言っていました。「被ばく者がいたら連れてきてください」とまで言ったのです。わたしはその化けの皮をはがしてやりたい、と思いました。

1981年敦賀原発では、4回にわたり大量の放射能廃液流出事故が起き、下請け労働者の被ばくが問題に。海には大量の魚が浮いた。原発では常時、排水口のパイプにフジツボなどが詰まらないよう塩素を海へ流出している。魚の死も、そうした環境破壊の影響ではないか。（1981年11月上旬、福井県敦賀市）

原発労働者の被ばくの実態は、この40年間、ジャーナリズムの表舞台に出ることはほ

東京電力福島第二原発の公聴会につめかけた反対派住民の前に、警察権力が立ちはだかった。日本全国どこの原発計画地でも住民反対運動が起きていたが、原発は国策であり、反対派も、お金の力で抱き込まれるなどして、潰されていった。（1973年9月、福島県福島市）

とんどありませんでした。でも、わたしはこの問題がやがて社会に噴き出すときが必ずくると信じていました。真実は必ず表面化するはずですから。

　高度経済成長期、多くの写真家が風景写真などの「売れる写真」へと方向転換するなか、わたしは原発を追い続け、「売れない写真家」の最たるものとなりました。それでもジャーナリストとして誰もやらない仕事に取り組めることがありがたく、お金では得られないやりがいを感じていました。日本の写真界でも社会でも、「反社会的」「反国家的」あるいは「過激写真家」というレッテルを貼られてきましたが、レッテルを貼った側を反面教師としてみて、がんばってきた部分もあるのです。

第1章 「人間を殺してまで電気はいらない」とみんなが気づいた

●わたしは「国賊」と呼ばれた写真家です

２０１１年3月11日の福島第一原子力発電所の事故後、わたしのところに50数社のマスコミが、原発や被ばく労働者の写真を求めて押し寄せました。「原発被ばくを追っている写真家は、わたし以外にはいなかったのか……」と改めて知り、取材への思いを強くしました。

押し寄せたマスコミのなかには、世界でも有名な米国の新聞社ワシントン・ポストをはじめ、外国の記者もいました。あのワシントン・ポストが、わたしのところに取材にくるなんて冗談かと思いましたが、国際面のトップで「反核の使者として、40年も前から原発を取材し、反対し続けた男がいる」と、とてもよい記事を書いてくれました。

また、講演依頼も押し寄せ、震災から1年間で91回の講演をしました。いまも講演は続いています。かつては「国賊」などと呼ばれた写真家が、このような扱いを受けるとは想像もしていませんでした。

事故前、講演依頼は年間15～16件でしたが、講演会の参加者から必ず「もし原子力発電がなかったら、電力がまかなえないのでは？」という質問が出ました。しかし事故後は、そのような質問をする参加者はひとりもいませんでした。**「人間を殺してまで、電気はいらない」とみんなやっと気づいたのだと思います。**そして、講演会に足を運んでくださる一人ひとりが、変わろうとしているのだと感じます。

●原発取材による「再生不良性貧血」の発病

３月11日の震災直後、わたしは福島に行く予定を立てられませんでした。「再生不良性貧血」という病気を抱えていたからです。

１９９９年９月30日、茨城県那珂郡東海村で東海村ＪＣＯ臨界事故（＊２）が起こり、ひどい被ばくをした３人の労働者のうち、ふたりが亡くなり、ひとりは重症でした。現場周辺では、事故発生の２日後の午後４時半くらいまでは外に出てはいけない、という勧告が出ていました。これはとんでもないことが起きたと思いました。

「この事故をいま写真に撮れなかったら、おれの写真家人生は意味がない」と思い、事故の翌日、放射能対策などしないまま、車でかけつけました。そして工場のまわりや、周辺の住人を夜まで撮影しました。

それがたたったのでしょう。取材から5年後の２００４年（当時67歳）、鼻血が出るようになりました。医者に診てもらったら、白血球が激減していることがわかりました。いまも検査を続けていますが、２０１０年に病院で骨髄液を取って調べたところ、「再生不良性貧血」と

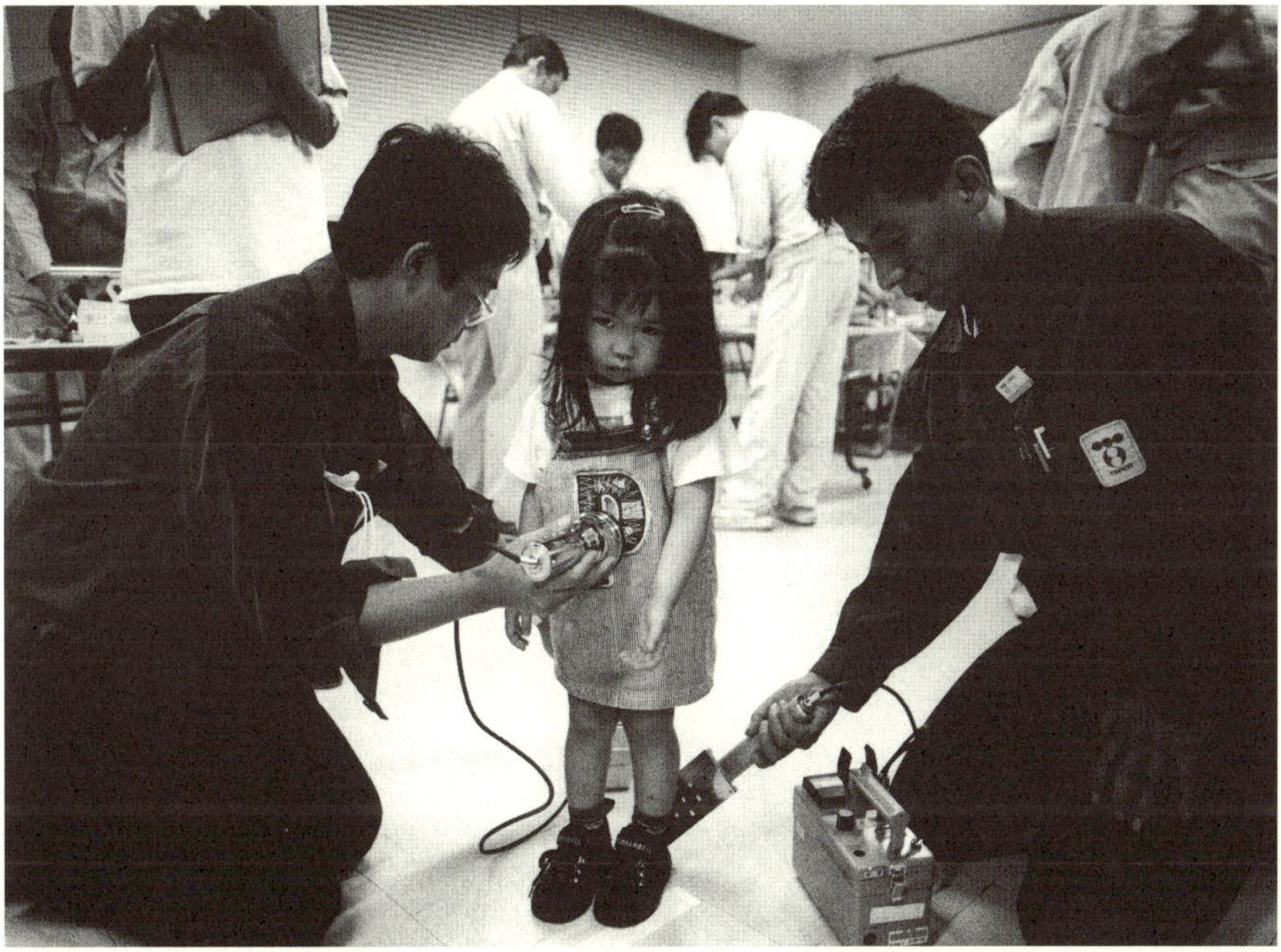

1999年9月30日に起こった、東海村JCO臨界事故では、作業員2名が死亡し、1名が重症。そのほかにも多くの被ばく者を出した。写真は放射能検査を受ける女の子。ヨウ素131の影響による甲状腺がんの誘発が心配された。（1999年10月1日午後6時30分頃、茨城県・東海村中央公民館）

東海村JCO臨界事故後の東海村。住民の姿は見当たらず、しんと静まりかえり、「ゴーストタウン」化していた。住宅密集地にウラン核燃料工場（JCO）が設置されたが、周辺住民は何をつくっているのか知らされていなかったという。（1999年10月1日午後2時頃、茨城県・東海村）

いうとんでもない病名をもらってしまったのです。「あなた、もう放射能のあるところなんかに行っちゃだめですよ。死にたきゃ行ってください」と言われたようなものです。

そんな理由から、２０１１年の震災当初はじっとがまんして取材には出かけませんでしたが、３ヶ月ほどたった頃、いてもたってもいられなくなり、とうとう福島へ入ったのです。

福島に無理をしてでも入りたかった理由は、ちょうどそのとき、写真集（『原発崩壊』合同出版／刊）の制作を進めていたこともあります。

「福島の現場がないなんて、これじゃあ、わたしの写真家人生は暗闇だ」と思い、写真集を出す合同出版の編集部に協力を要請しました。原発周辺を取材するにあたり、「わたしはこれ以上被ばくして死にたくないんだ」と伝えると、編集部のひとたちが放射能を防ぐための特別なマスクや服を用意してくれ、現場までの運転もかって出てくれました。

（＊２）　東海村ＪＣＯ臨界事故…１９９９年９月30日に起きた、茨木県那珂郡東海村にある住友金属鉱山の子会社で核燃料加工施設、株式会社ＪＣＯによる原子力臨界事故。「臨界」とは、核分裂性物質が核分裂を連続的に起こし続ける状態のことをいう。この事故では作業員がウラン溶液を沈殿槽へ注入しているときに臨界が起き、強烈な中性子とガンマ線が発生した。被ばくを受けたのは、ウラン溶液注入作業を担当した３人（内２人は死亡）を含め６６７人とされ、そのうちの２０７人が周辺住民であったとされている。

● 引き上げられた被ばく線量限度

いまも福島第一原発事故の放射能の海に送り込まれている労働者たちは毎日３０００人います。主に東京電力の社員ではなく、補償のない、下請けで雇われたひとたちです。被ばくして、

2011年3月11日の地震により、海岸近くの田畑は、津波と放射能降下によって多大な被害を受けた。（2011年6月7日、福島県南相馬市鹿島区北屋形）

福島県飯館村の牛舎の土から、8.15マイクロシーベルトの放射能を計測した。飯館村は、村全体が計画的避難区域に指定されている。
悲しそうな子牛の目が、忘れられない。（2011年6月7日、福島県相馬郡飯館村）

ゴミのように棄てられてしまうひとたちなのです。

わたしはこの事故の収束がいつになるかはわかりませんが、収束したときには、おそらく5万人くらい、被ばくが原因でからだを壊し、なかには亡くなるひとが出てくるのではないかと思っています。チェルノブイリでは１基が爆発事故を起こしましたが、事故の収束のために作業員２万人以上が亡くなりました。それを考えると、福島第一原発の事故では、もっとひどい状態になるのではないでしょうか。事故が起きたのは原発１基ではなく、４基なのです。

労働者の被ばく線量限度は、１９８９年４月１日まで、いまよりもきびしく定められていました。１日１ミリシーベルト（当時の単位で１００ミリレム）以下、３カ月で30ミリシーベルト（３０００ミリレム）以下、年間50ミリシーベルト（５０００ミリレム）以下、となっていました。

しかし1989年4月1日から閣議決定で、それまでの年間50ミリシーベルトだけを残し、あとは全部撤廃してしまいました。つまり、「１日で50ミリシーベルト浴びてよい」ということではないかと、わたしは理解しました。原発内の場所によっては、１日で50ミリシーベルト浴びるケースもありますが、１日でそんなに浴びたら死んでしまいます。こうした労働者の被ばく線量限度の緩和は、原発の増設に伴い、多くの労働者を必要とするようになったために行われたことです。

また、福島第一原発事故の直後は、労働者の緊急時の被ばく線量限度１００ミリシーベルト

福島第一原発事故により、福島県浪江町から、さいたまスーパーアリーナに避難してきた枡倉千伊香（ますくら　ちいか）さんご一家。段ボールに囲まれての朝食風景。（2011年3月22日、埼玉県さいたま市）

を超え、２５０ミリシーベルト（期間を問わず）浴びてもよいことになりました。一挙に通常の被ばく線量限度（50ミリシーベルト）の5倍の値に引き上げられたのです。これは「死にに行ってください」と言っているのと同じです（その後、２５０ミリシーベルトとはあまりに高い値なので、１００ミリシーベルトに引き下げられましたが、それでも、通常時の被ばく線量限度の2倍です）。

　作業員のひとたちの10年後、20年後の行く末を見てほしいと思います。わたしがいまま

表1／放射線業務従事者と一般の被ばく線量限度の推移概要

mSv（ミリシーベルト）

		基　　準
放射線業務従事者	平常時（1989年4月1日まで）	1mSv/1日 以下、30mSv/3ヶ月 以下、50mSv/年 以下
	平常時（1989年4月1日より）	100mSv/5年 以下かつ50mSv/年 以下。女子は5mSv/3ヶ月 以下、妊娠中の女子は1mSv以下（出産までの間の内部被曝）
	緊急時（通常）	100mSv以下
	2011.3.11福島第一原発事故後	250mSv/1回 以下→11月1日以降働きはじめた作業員について100mSv以下に引き下げ。収束作業ステップ2の達成後50mSv/年 以下、100mSv/5年 以下に引き上げ
一般市民	平常時	1mSv/年 以下
	2011.3.11福島第一原発事故後	20mSv/年 以下→その後1mSv以下を目指すとした

経済産業省発表資料より編集部が作成

で原発の現場で見てきたひとびと、ぼろ雑巾のように扱われ、病気となり、亡くなった何百人、何千人というひとたちの二の舞にならないか心配です。

わたしが取材してきた労働者たちは、50ミリシーベルトを超えて被ばくしているひとはほとんどなく、20〜40ミリシーベルト以下の被ばくでも、がんや白血病、そのほかの病気になり、苦しみを背負いながら亡くなっていきました。**被ばく線量限度は、もっと引き下げるべきです。**

２０１１年9月の段階で、福島第一原発では、すでに１００ミリシーベルトを超えた線量を浴びた作業員が99人いたといいます。その後も、増え続けていると考えるのが自然でしょう。

収束に携わった原発作業員に対し、国も東京電力も、補償をすることはないと思えます。その証拠が、原発作業員の被ばく線量限度の引き上げでした。

被ばく線量限度について、良心的な科学者と医者

福島第一原発から20キロメートル圏内の避難指示区域入り口にある検問所。警察、消防のほか、波江にある会社へ資料や資材を取りに行くひとびとが行き来していた。（2011年6月7日、福島県南相馬市原町区大甕）

たちは「これは労働者に課せられた『がまん線量』なのだ」と言います。それを超えて被ばくすると労災が認定されるのです。労災を認定したら、国はひとりに約３０００万円のお金を出さなくてはならないそうです。もし、ひとり労災認定をしたら、何千人も認定しなければならなくなり、国の財政が困難となります。それで国は必死に被ばく線量限度をどんどん上げ、労災認定がとれないようにしているのです。

そしてまた事故当初、福島の子どもたちに年間20ミリシーベルトというとんでもなく高い被ばく線量限度が与えられました。原発労働者の通常時の被ばく線量限度50ミリシーベルトの約半分です。これも、国が補償から逃げようとしているからです。その後、多くの国民が、もともと法律で定められていた1ミリシーベルトに戻すように訴え、「1ミリシーベルト以下を目指す」ということになりました。

２０１１年7月には、震災発生時に18歳以下だった福島県の36万人の子どもたちを対象に、甲状腺がん検査を生涯にわたり実施することを決め、10月より超音波（エコー）検査を実施しました。しかしその検査結果はきっと、「何でもありません」で片付けられてしまうでしょう。なぜなら、検査実施を決めた福島県民健康管理調査検討委員会には、福島県立医科大学の副学長、山下俊一さんがいます。山下さんは、福島の放射能問題を潰すために「ニコニコ笑っていれば放射能の被害を受けない。くよくよしていると受ける」などと発言しています。

●事故処理は誰がやるべきか

では、事故の処理を誰がやらなければならないかといえば、東京電力がするべきです。わたしは、東電の人間がみんな一度は福島第一原発に入るべきだと思います。どうしても手に負えないなら、「これは自分たちではできないから、下請け労働者のみなさん、よろしく頼みます」と頭を下げるのが筋というものです。東電の無責任さは、わたしが取材をはじめた40年前から現在まで、ずっと続いてきています。

いま、福島原発に入っている作業員たちは死を覚悟しての作業です。すでに6人亡くなりました（＊3）。みんな「内部被ばくはゼロ、外部被ばくもほとんどない」とだまされて原発に

太平洋から望む東京電力福島第一原発。右から1〜4号機。かつてこの海で穫れたホッキ貝から、コバルト、マンガンなどの放射性物質が検出されたが、うやむやにされた。手前に見えるテトラポッドの高さは5.6メートルしかなく、とても津波から原発を守っているとは思えない。テトラポッド以外に、津波をよけるための壁などは見受けられない。（1979年5月、東京電力福島第一原発を望む海上から）

入っていきます。日本人は非常に勤勉です。今回の原発事故でも、「われわれがやるしかない」と言って原発の中に入っていくひとがいます。

福島第一原発の事故では、外にあった外部電源を受ける設備が地震で壊れましたが、これを修復すればポンプで水が通じるかもしれないと、東電は５００人ばかりの作業員を現地に送り込みました。しかし修復不可能で、さらに非常用ディーゼル発電機も津波でやられていました。

この情報をいち早くキャッチしたのが「ニューヨーク・タイムズ」で、最初に入った作業員たちを英雄視した記事を書きました。すると日本のマスコミにも火が付きました。そうして、作業員たちはたいへんな被ばく量を強いられるあの前線に送り込まれていったのです。

震災の起きた3月に、暴力団が斡旋《あっせん》した労働者たちが約１００人ほどいましたが、ほとんどが逃げ出しました。6月に新聞などで「69人くらい行方不明」と報じられましたが、わたしは、行方不明ではなく、怖くなって逃げ出したのだと考えています。

事故後の3月24日、3号機のタービン建屋内で、電気ケーブルの敷設作業をしていた下請け労働者3人が１７０～１８０ミリシーベルトの被ばくをしました。そのうち2人は、ふつうの短靴で高線量の汚染水に直接浸かってしまいました。千葉県にある放射線医学総合研究所（放医研）に連れ込まれて検査し、何日か経ったら大丈夫だと放り出されました。あのひとたちは、その後どうなったのでしょうか。被ばく者のコメントは封じられ、マスコミはまったく報道しませんが、ベータ（β）線熱傷（＊4）を受けているに決まっています。

（＊3）国連放射線影響科学委員会の評価では、事故後に死亡した6人について、いずれも放射線被ばくとは関係ないとしている（2011年5月23日発表）。

（＊4）ベータ（β）線熱傷……放射線には、主にアルファ（α）線、ベータ（β）線、ガンマ（γ）線などがある。ベータ線熱傷（ベータ線被ばく）とは、ベータ線をからだの外部、または内部から受け、皮膚などの細胞を破壊し火傷に似た症状を引き起こすこと。からだに入った放射能は放射線を出し続けるので、血管や皮膚組織の深い部分へのダメージが大きい。内部被ばくでは、アルファ線とベータ線がとくに危険とされている。

●原発が地震で潰《つぶ》れるのは一目瞭然

原発は津波でやられた、という説がありますが、津波ではなく、まず地震でやられたのです。原発は、マグニチュード7・8などという地震を想定して建てられており、それ以上の地震は想定していませんでした。

原発の中はパイプの森です。パイプがはりめぐらされ、各階で炉心部に届いています。見れば一目瞭然、今回のようなマグニチュード9の地震では、めちゃくちゃに壊れることは充分に想像できます。そして実際に壊れ、水素爆発が起こりました。水素爆発が起きるということはメルトダウンも起こすに決まっています。

原発は単純明快な仕組みでできています。多くのひとの認識は「原発のウラン燃料はつねに熱を出し続けるが、これを冷やし続ける冷却水さえ正常にまわっていれば爆発しないもの。故障の確立も低いというから大丈夫」というものだったのではないでしょうか。実際、わたしもそう思っていました。

東海第二原発（建設中）の炉心部に直結するパイプの森。このパイプにひび割れやピンホールができて事故を引き起こす。（1977年2月、茨城県・東海村）

しかし今回の地震で冷却系統がやられてしまいました。いかに原発がいい加減なものであったか、マスコミがいかにいい加減な報道をしてきたか、国民も充分にわかったことでしょう。

原発をつくったひとや、原発が安全なものだと報道をしたひとたちは、いまこそ反省するべきだと思います。

第2章
「差別」と「被ばく」と「お金」を生み出す原発の仕組みとは

●定期検査中は1日に1500人が原発で被ばくする

日本での原子力発電は１９６６年7月25日、東海発電所第1号機からはじまり、現在、54基になりました。

いま、大飯原子力発電所（3・4号機）は再稼働に向けて動き出してしまっていますが、そのほかの原発は定期検査中です（２０１２年6月18日現在）。定期検査中は通常、１日に１５００人以上が原発の中に入ります。１５００人以上のひとたちが被ばくしていることになります。定期検査は、1年に一度（正確には13ヶ月に1度）、３ヶ月かけて行っていたのですが、経済性を考えて、東京電力などでは現在40～60日間でやっています。これは、原発労働者に短期間で多量の被ばくを要求しているということです。

原発労働者は、定期検査中に被ばくすることがいちばん多いことを強調したいと思います。想像してみてください。原発の中は見えない放射能の海です。そんな環境のなかで定期検査を行い、日常的に被ばくしているひとたちが大勢いることを忘れてはいけません。

また、稼働している原発では、1日に２００人くらいが原発内に入って仕事をしています。

美浜原発事故のたった5日後、原発の建つ海岸は海水浴客でにぎわっていた。日本の原発社会では日常的なこの風景が、欧米で多くのひとたちに衝撃を与えた。(2004年8月14日、福井県・美浜町)

廃炉にするとしても、何十年という時間がかかり、そのためにたくさんの労働者が必要になります。**原発は、延々と被ばく労働者を生み続けるシステムなのです。**

● 市民には原発の危険性が伝えられていなかった

上の写真は、２００４年8月14日に撮影した、関西電力美浜原発とその手前の海で泳ぐひとびとです。写真の奥に、右から1〜3号機と見えます。

この写真を撮影した5日前の8月9日、いちばん大きい3号機のタービン建屋で復水管が破裂しました。定期検査ではないのに、ひと足先に検査をはじめていたひとたちがいて、パイプを

郵便はがき

料金受取人払郵便

渋谷支店承認

7750

差出し有効期間
平成25年8月
31日まで

（上記期日までは、
切手は不要です）

150-8790

201

東京都渋谷区神宮前5-3-21-2F

クレヨンハウス編集部行

お名前：ふりがな 年齢（　　　）	
ご住所：〒	
本書を知ったのは？　□クレヨンハウスのホームページ、メールマガジンで □書店の店頭（　　　　　）で　□インターネット書店（　　　　　）で □[月刊クーヨン]で　□その他（　　　　　）	
本書を購入したきっかけをお教えください。	
E-mail：※今後小社からのメールによる案内等をお送りしても差し支えなければお教えください。	

※このハガキは、統計資料の作成に使用させていただきます。
個人情報の安全な取り扱いには充分配慮いたします。

わが子からはじまる
クレヨンハウス・ブックレット009

『原発被ばく労働を知っていますか？』

この本のご感想をお聞かせください。

※お書きいただいた内容を、小社の出版物のＰＲ資料やホームページなどで、掲載ご紹介させていただく場合についておたずねします。以下の項目に、印をつけてください。

□掲載不可

□掲載可（その際は、□名前　□ペンネーム ＿＿＿＿＿＿＿＿ □イニシャルとします）

――――ご協力ありがとうございました。――――

美浜原発事故直後に行われた、亡くなった労働者の合同慰霊祭。3号機の二次冷却系の復水管から蒸気がもれ、高温の蒸気に巻き込まれてしまった。（2004年8月14日、福井県敦賀市）

少し槌《つち》で叩いたら破裂してしまったのです。高温蒸気が噴出し、すさまじい高熱地獄となりました。４人が全身火傷やショックでほぼ即死、ひとりは事故の15日後に病院で亡くなりました。結局５人が亡くなり、６人が重軽傷を負いました。

この写真を撮影した当日の８月14日は、亡くなった労働者の合同慰霊祭を敦賀の葬儀場で行うというので撮影に行きましたが（写真上）、「ちょっと待てよ。まさか、いまあそこで泳いでいるひとはいないだろう」と思って原発の建つ海岸へ行ってみたのです。しかしそこでは、大勢のひとたちが海水浴をたのしんでいました。砂浜にちょうど若い男性がいたので「どこから来たんだ」と聞くと、「愛知の大学だ」と答えました。「ここの3号機で事故があったばかりだよ」と言うと、「はあ」という顔をしていました。わたしは「ああ、日本はもうおしまいだな」と思いました。「このレベルの大学生がいっぱいいるのか」と本当に悲しかったです。原発はこのような事故を起こしてばかりでしたが、世間は被ばく労働者にはまったく関心がなかったのです。

文部科学省というのはおそろしいところです。原発に関しても戦前の皇民化教育と同じように、国の都合のよいように国民を洗脳してきたのです。

日本では反響が少なかったこの写真（22ページ）は、海外で大きな反響がありました。「これは一体なんですか。日本には広島や長崎の原爆体験があるのに、それにもかかわらず原発の前で泳ぐとは」という質問が圧倒的に多かったです。日本人だけが「原子力の平和利用」「原発はクリーンで安全だ」という安全神話を信じていたのです。

●日本のエネルギー産業の歴史

なぜ多くのひとが、原発に対して、こんなにも無関心だったり、ものが言えなかったりするのでしょうか。歴史をひもときながら考えてみたいと思います。

明治維新では、まず石炭がなければ欧米など列強国に追いつけませんでした。欧米はすでに戦艦をもっていましたが、日本は鉄すらなかった時代です。欧米に追いつこうと、石炭からコ

東海第二原発のコントロールルーム。「原発はクリーンで安全」という原発神話を演出するのに、おおいに役立った。電力会社社員が管理する。（1972年7月2日、茨城県・東海村の東海第二原発）

敦賀原発で原発についての、バラ色の宣伝文句に耳をかたむける、東北電力巻原発の建設予定地、新潟県巻町区長会のひとびと。若狭湾一帯の原発基地見学の名目で一泊旅行に招待された。その後、巻町では原発建設反対運動が大きくなり、原発の建設は中止された。（1977年7月、福井県敦賀市）

ークスをつくり、それを燃料にして鉄をつくりました。

「この国はいったい何をしているのだろう」と思ってしまいますが、鉄ができたら戦艦をつくり戦車をつくり、飛行機をつくり鉄砲玉をつくって、ひとさまの国と戦争をしました（日清、日露戦争）。そして「勝った、勝った」と大よろこびしました。そこから不幸がはじまりました。

炭鉱を掘ることで財閥を形成したのです。三井炭鉱、三菱炭鉱、住友炭鉱のほか、元首相の麻生太郎家の麻生炭鉱というのもあります。炭鉱の恩恵を受けたひとたちは「麻生様」とあがめ、劣悪な労働条件を強いられ、差別され苦しんだ労働者は「麻生なんて、あんなものは」と言います。そう非難されて、当たりまえのことをしてきているのです。

1960年代、エネルギー燃料が石炭から石油へ移行し、日本は世界に冠たる経済成長を成し遂げ、アメリカに次ぐ経済大国になりました。

その一方で、すさまじい勢いで環境が破壊されていき、やがて多くの国民に支えられて公害

表2／日本のエネルギー産業の移り変わり

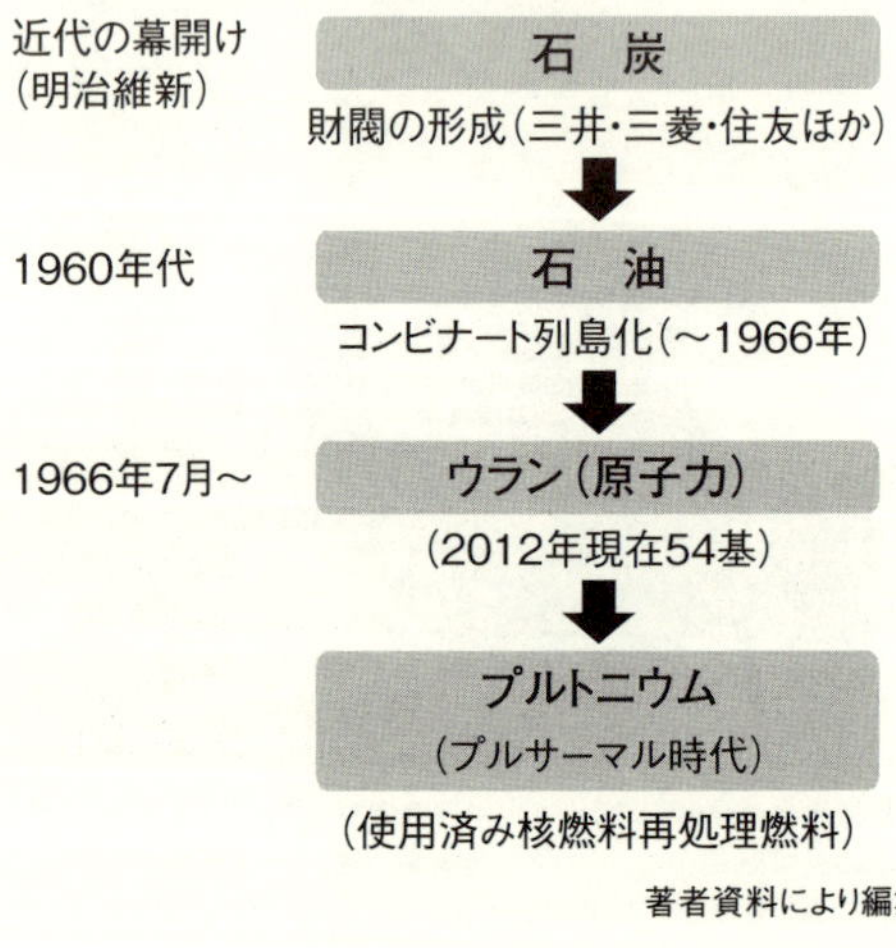
近代の幕開け
（明治維新）
石　炭
財閥の形成（三井・三菱・住友ほか）
1960年代
石　油
コンビナート列島化（〜1966年）
1966年7月〜
ウラン（原子力）
（2012年現在54基）
プルトニウム
（プルサーマル時代）
（使用済み核燃料再処理燃料）

著者資料により編集部が作成

裁判が起こされていきました（＊５）。ちょうどわたしが「四日市だけではなく、日本中の公害を撮ってやろう」と決意した時期です。写真界では「これからはアートの時代」と言われ、「こんな売れないことばかりやっていたら、家庭崩壊してしまうのではないか」という迷いもありましたが、四日市公害の撮影でお世話になったひとたちのことを考えたら、やはり公害を見続けていこうと決心を固めました。

そしてその頃、石油産業のあとに、もう原発が動き出していました。

わたしが四日市を取材していた、１９６６年７月に東海発電所が営業運転を開始していました。のんきなわたしは、そのとき、まったく気にもとめていませんでした。

原子力は「第三の火だ」「次代を担う」「無資源国の救世主」ということばが、新聞におどっていたことを覚えています。わたしも「ほう、すごいねえ」などと言っていました。当初はその程度の反応でしたが、「石炭、石油、この先はなんだろう？」とよく考え、「原子力か」とやっと気がつきました。

そして少し調べてみると、あちらこちらで反原発の炎が燃え上がっていました。いちばん勢いがあったのは新潟の柏崎刈羽原子力発電所です。１９７３年のことでした。そこへとりあえず行ってみたらフリーの写真家はわたしだけで「ええっ！」と驚きました。その頃、公害を撮っていたカメラマンはたくさんいたので、原発にも誰か来ているだろうと思っていたのです。わたしは、ほかのカメラマンと仕事を取り合うのはいやなので、もし自分以外にフリーのカメラマンがいたら身を引こうという気持ちもあって揺れていました。しかし誰もいなかったことで「原発取材はわたしがやろう」と、さらに強く決心しました。

柏崎刈羽原子力発電所では若いひとたちが先頭に立って原発に反対していました。そのときまだ30代だったわたしは、そのようすを見て、燃えました。見続けようと思いました。

柏崎は新潟にあり、田中角栄の地元なので、田中角栄が東京電力に手を貸しているのだろうと思いました。やがて田中角栄は土地ころがしで数億円を手に入れて首相に上り詰めていきます。かたや売れない写真家は、取材費も自分もちで、家族が崩壊するような状況になっていきます。この違いは大きいでしょう。

やはり金もうけをしようとするひとたち、権力を握ろうとするひとたちの勢いはすごいです。わたしはジャーナリストですから、真実を追求しなければ何の意味もないと思い、もうけなどなくても原発問題にのめり込みました。

その後、反原発派はほとんど沈没させられました。一方で原発推進派はどうなったかというと、読売新聞社の経営者である正力松《しょうりきまつ》太郎《たろう》（＊6）が中心となり勢いを増し、それにくっついたのが中曽根康弘、田中角栄たちです。

このとき原発に賛成したひとたち、原発に群がったひとたちは、文化人も含めて、被ばく労働者に謝罪してほしいです。被ばく労働者の上でたらふく高給を食《は》んでいる連中がいるということを、わたしはやはり許せません。

（＊５） ４大公害裁判……イタイイタイ病（富山県　１９１０年～７０年代）、水俣病（熊本県　１９５６年）、四日市ぜんそく（三重県　１９６０年）、新潟水俣病（１９６５年）の４つの公害裁判。いずれも１９７０年代はじめに住民が勝訴している。高度経済成長にともなって大都市や工業都市を中心に公害が増加したが、これをきっかけに公害防止への市民の意識が高まった。

（＊６） 正力松太郎……１８８５～１９６９年。元読売新聞社社主、実業家、政治家。

●原発はお金のため。国と大企業のもうけのために、やめられない

原発は当初、米国から輸入されました。いまもその古い原発がみんな動いています。東電の福島第一原発はみな、米国から入ってきたものです。

原発の輸入経路を見てみましょう。２通りあり、米国の２大原子力メーカー、ゼネラル・エレクトリック社と、ウェスチングハウス社です。

ゼネラル・エレクトリック社は沸騰水型軽水炉、ウェスチングハウス社は加圧水型軽水炉を送り込んできました。日本に数十基持ち込んだので、莫大なもうけだったのでしょう。だから、やめられなかったのです。おそらく、原発輸入は、日米安全保障条約を結ぶ際の条件に入っていたのではないかと、わたしは推測しています。

沸騰水型軽水炉（ゼネラル・エレクトリック社）は三井物産が日本へ持ち込みました。三井グループは、モルガン財団と直結したかたちとなっています。そして、原発を納める原子力プラントをつくったのは、東芝と日立です。東芝は三井グループを構成している会社のなかで、いちばん大きい会社です。

いまでは、東芝が原子炉本体までつくっています。本体までつくりはじめたので、財界は「何

が何でも原発やめたくない！」と言っているのです。そして「他国に売り込め」と言い、事故のあともまだ民主党が売り込もうとしています。

加圧水型軽水炉をつくっているウェスチングハウス社は、ロックフェラー財団はよってつくられた会社です。こちらは三菱商事が輸入元となり、プラントは三菱重工につくらせました。こうして原発は財団と繋がっているから、お金のために原発をやめるわけにはいかなかったのです。原発は日本の財閥がやっているに過ぎないのです。

原発は1基つくるのに6000億円が動くプロジェクトです。そんなにお金になるプロジェクトは、ほかにはありません。海外に原発を売るときには

表3／原発輸入経路

米国2大原子力産業

ゼネラル・エレクトリック

モルガン財団（沸騰水型原子炉）

↓

三井物産

↓

東芝・日立

※2006年、東芝がウェスチングハウスの原子力部門を買収。加圧水型原子炉についても推進。

※2007年、日立はゼネラル・エレクトリックと提携。

↓

プラント

日本原子力発電ー東海・敦賀
東京電力ー柏崎刈羽
福島第一
福島第二
中部電力ー浜岡
中国電力ー島根
東北電力ー女川
北陸電力ー志賀

ウェスチングハウス

ロックフェラー財団（加圧水型原子炉）

↓

三菱商事

↓

三菱重工

※2006年、三菱重工は仏原子力大手アレバと提携。

↓

プラント

関西電力ー美浜・大飯・高浜
四国電力ー伊方
九州電力ー川内・玄海
北海道電力ー泊
（日本原子力研究開発機構
ーふげん・常陽・もんじゅ）

著者資料により編集部が作成

建設中の福井県大飯原子力発電所。原発は大規模な自然破壊をもたらす。毎秒80トンもの放射能を含んだ温排水を出し、海の生態系まで破壊する。（1973年、福井県・大飯町）

もっと安く、それでも3000〜4000億円くらいだといいます。この原発プロジェクトが国策となったら、わたしたちのちょっとやそっとの反対など、潰すのは簡単です。国にとってみれば「反国家写真家が何をほざくか」というようなものです。**政界・財界・官僚・学者・マスコミの5族が一体となって原発を推進してきたのです。**わたしが追い続けた被ばく労働者は何人も裁判を起こしましたが、みな棄《き》却《きゃく》されました。司法までがこの「原発族」に入ってしまったのか、「これは5族じゃない、6族だ」と思いました。

原発事故が起こってから、「やらせ問題」（＊7）があちこちから出てきていますが、これはどの原発においても最初からありました。東電が福島に原発をつくるときにも公聴会があり、取材に行きましたが、会場に賛成派だけを入れて、反対派を締め出しました。そんなことが平然と行われていたのです。そのことにいま頃マスコミは注目していますが、これまでマスコミは何をやっていたのだと思います。こうした「やらせ」や、原発が人権差別の上に成り立っていること、またその危険性について、マスコミがきっちり報道していたら、福島の原発事故は起こっていなかったかもしれません。

（＊7）やらせ問題……２０１１年６月、運転停止中の九州電力玄海原子力発電所の再稼働に向けて、経済産業省により、県民向けの説明会が行われた。その際、九州電力の社員が本社や子会社の社員に対し、玄海原発の再稼働を支持する内容のメールを、市民を装って説明会へ送るよう依頼していたことが明らかになった。九州電力ではそのほかにもやらせがあったことが判明している。また同年８月、２００８年10月に行われた北海道電力泊原発３号機のプルサーマル導入をめぐり開かれたシンポジウムでも、北電の現地事務所が社員に賛成意見を言うようメールで促したことも明らかになっている。

● 差別の上に成り立つ労働形態

「５族」が推進してきた原発ですが、実際に現場で原発を動かしているのは労働者です。原発の労働形態とは、どのようなものか見ていきましょう。

原発の労働形態のいちばん上に、電力メーカー（９電力会社）があります。電力メーカーから直接仕事を請け負っている元請けは、東芝（三井）、日立、三菱重工です。また住友は溶鉱炉をもち、原発のパイプをつくっていて、元請けに含まれます。このように日本の財閥がみんな原発の運営にもかかわっているのです。

柏崎刈羽原子力発電所は、建設予定地に断層はない、ということで建設に入ったが、実際には断層はあり、木の板などで隠されていた。写真では、もともとひとつの層としてつながっていた白い部分が、切れて左右にずれているのが見られる。どこの電力会社でも同じような事実隠しが行われていた。（1977年、新潟県柏崎市、柏崎刈羽原発予定地）

原発の定期検査のために働きにきた労働者たち。下請け労働者は、全国の原発をわたり歩いているひとも多い。全国の原発で働く下請け労働者の数は、1977年で年間6万人を超えていた。（1977年7月、福井県・敦賀原発）

日本最大の労働組合組織である日本労働組合総連合会（連合）は、原発の元請けである財閥との関係が深く、民主党の選挙母体でもあります。野田佳彦総理大臣も当初は「脱原発依存を目指す」などとうまいことを言っていましたが、連合から圧力がかかるためか意見を翻《ひるがえ》しました。連合の幹部は、年間１０００万円や２０００万円をもらっている労働貴族で、財閥の言いなりです。大金をもらえるのだから、やめられないのです。やれやれ、という感じです。

「政治家」とは市民のために動くひとのことですが、いまやこの国には「政治家」などいません。かつて足尾銅山鉱毒事件で権力と闘い、住民のために自分のすべてを投げ打った田中正造（＊8）というひとがいましたが、彼のようなひとを政治家というのです。そのほかを、わたしは「政治屋」と言っています。なぜかというと「金に群がる」からです。この違いをはっきりさせておきたいと思います。

電力メーカーや元請けの社員は、原発の中で働くことは、まずありません。元請けの下には下請け、孫請け、ひ孫請けとあり、その下に人出し業（親方）と呼ばれる労働者の手配をするひとたちがいます。この人出し業には暴力団がたくさんかかわっています。こうした下請け多重構造の労働形態は、石炭産業時代から引き継がれ、上から下への賃金のピンハネが行われています。

15年前、東電は労働者ひとりあたり5万円の日当を出していましたが、人出し業のところで約3万円になるのが相場で、人出し業が2万円近くピンハネして、いちばん下にいくと1万円

表4／原発の労働形態

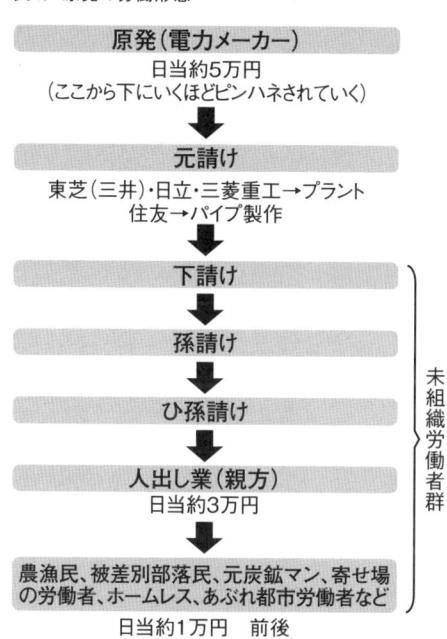

原発(電力メーカー)
日当約5万円
(ここから下にいくほどピンハネされていく)
↓
元請け
東芝(三井)・日立・三菱重工→プラント
住友→パイプ製作
↓
下請け
↓
孫請け
↓
ひ孫請け
↓
人出し業(親方)
日当約3万円
↓
農漁民、被差別部落民、元炭鉱マン、寄せ場の労働者、ホームレス、あぶれ都市労働者など
日当約1万円　前後

(下請け〜農漁民など：未組織労働者群)

※原発の労働形態は、差別構造があるほど上の会社がもうかり、底辺労働者が上から見えないような多重構造。未組織労働者は社会保障もなく、労働組合もつくることができない仕組みになっている。
※1970年〜2009年、原発とかかわった総労働者数200万人、内、被ばく者数45万人。

■原発下請け労働者の作業内容
・雑巾での除染作業
（床やパイプ、水もれなどをふく作業）
・ランドリー(放射能防護服の洗濯)
・パイプ補修、掃除
・タンク内などの放射能スラッジ(ヘドロ)かき出し
（タンクなどのピンホールの穴うめ作業のための準備。とくに放射能量が多い場所のため、エアーラインマスクを着用)
・放射性廃棄物処理、運搬(ドラム缶詰め)
・機械類の運搬
・配電盤施設の点検
・サンダーがけ（パイプのさび落とし)
・パイプなどの溶接作業
……ほか、300種以上にのぼる労働がある。

著者資料により編集部作成

くらいになってしまうということでした。いまもそう変わっていないので、福島の事故では、いちばん上のところで賃金は上がっていても、かなりひどいピンハネが行われていて、いちばん下のひとの賃金は、通常時と同じくらいになっているのではないでしょうか。事故が起きたら起きたで、潤い、よろこぶひとたちがいるという悲しい現実が、この平和な国にあるのです。

　労働者にどういうひとたちを集めるかというと、まず、近隣の農漁民です。福島も福井も、全国でそうでした。それから被差別部落のひとたち、元炭鉱労働者、日雇い労働者の集まる寄せ場からも集めます。寄せ場は、東京では山谷、横浜には寿、大阪には日本一の寄せ場といわれる釜ヶ崎があります。ホームレスと呼ばれるひとたち、また仕事にあぶれた都市労働者も利用しています。

アフリカ系アメリカ人の労働者もいて、わたしは敦賀原発で原発内部写真を撮ったときに出会いました。あとで調べてみると、東京・赤坂見附の近くにあったゼネラル・エレクトリックの下請けのジェスコという会社が、そういうひとたちをたくさん送り込んでいました。わたしは敦賀原発の職員に「敦賀原発でアフリカ系アメリカ人労働者の写真を撮った。そうした海外の労働者をどのくらい送り込んだのか、本当の人数を教えてほしい」と問い詰めたら、「65人くらい入っています」という回答でした。しかし実際には、もっとたくさんの人数がいたはずです。外国人労働者は、あるところからの情報によると、東電などでは２００人、島根原発でも２００人くらい働いていたそうです。被ばく問題があるので、２～３週間でみんな返すそうです。彼らは観光ビザで働きにきていたのです。

こうした下請け労働者は雇用契約書もなく、社会保険も未加入で、何の補償もありません。未組織であり、人権が完全に無視され、ボロ雑巾のように使い捨てられていきます。

現代社会では、仕事にあぶれた労働者がたくさんいます。そうしたたいへんな思いをしている労働者をだまして利用し、日本の豊かさは維持されてきたのです。

無情などというものではありません。この国にはやさしさも思いやりもまったくありません。

（＊8）田中正造……政治家（1841〜1931年）。日本ではじめての公害事件といわれる足尾銅山の鉱毒事件（栃木県の足尾銅山から出る鉱毒により、渡良瀬川下流にある村が汚染された）を告発し、被害者である農民に寄り添って闘った。

● 見過ごされる少年労働

日本の労働基準法では原発に入れるのは18歳以上ですが、暴力団は、高校生たちも原発に送り込みました。原発労働は闇の世界で、表に出ることがまれですが、少年労働が明るみに出た

米国ゼネラル・エレクトリック社からの下請け労働者。海外からの労働者も原発にたくさん入っていた。（1977年7月、福井県・敦賀原発）

柏崎刈羽原発で働く下請け労働者のための宿舎。プレハブで、室内も、ただ寝るだけのための質素なつくり。（1993年6月、新潟県・刈羽村）

例があります。

1988年、関西電力高浜原発1、2号機の定期検査に、暴力団によって3人の少年たちが送り込まれました。原発のない場所、京都府綾部市内に住む高校生です。16歳がひとり、17歳がふたりです。暴力団員は少年たちの住民票を改ざんし、名前を変えて18歳に仕立て上げ、2ヶ月間、原発の一次冷却系の配管工事に立ち合わせました。このことがどうして表に出たかというと、少年たちに支払う賃金の287万5000円のうち、96万3000円を暴力団員がピンハネしたことが京都府警に見つかり、労働基準法違反で逮捕されたからです。

当時の記者で問題意識のあるひとがいて、3人の被ばく線量を記録していました。9・5ミリシーベルト（16歳）、10・3ミリシーベルト（17歳）、10・9ミリシーベルト（17歳）でした。**この被ばく線量は、当時の作業員の平均被ばく量の約5倍です。**被ばく量も重大な問題ですが、こうした重要なことが、やがて個人情報保護法という名目で隠されていくのです。個人情報保護法は企業にマイナスになることや、政治屋や官僚たちのスキャンダルが明るみに出ないようにつくられた法律です。そうした目的もあるものだということを示す資料はありませんが、国民は、そこまで目を向けていかないといけません。人間は愚かな動物で、国の言うことは間違いないと思ってしまうことがありますが、それは危険なことです。

通産省（現・経済産業省）は、この事件について関西電力から報告を受け、再発防止を指導しましたが、「現在のところ、ほかに同様のケースがあったとの報告は受けていない。関西電力の管理体制に問題があったとは考えていない」としています。しかし通産省は、原発をもっとも推進した官庁であり、そのひとたちの言うことを、本当に信頼していいのでしょうか。

また２００８年に、18歳未満が８人、年齢を偽って放射線管理手帳を取得し、そのうち16歳であった６人が、原発産業で労働したという記事が新聞に出ました。東芝の４次下請けで働いており、やはり住民票を改ざんし、18歳に仕立て上げたのです。彼らは福島第一、東北電力の女川、東通りで７ヶ月間、機械の運搬をしていたということです。問題は被ばく線量ですが、そうした肝心なことがひとつも報道されていません。

１９８８年に高浜原発ですでに少年労働が行われていた教訓が、なぜ生かされなかったのでしょうか。記者たちも「原発がクリーンである」という視点しかなかったから、労働者一人ひとりに放射線管理手帳があるにもかかわらず、肝心の被ばく線量が報道できなかったのではないでしょうか。

こんなことが起きた要因のひとつは、文科省の一貫教育でしょう。教えないといけないことを、教師たちが教えていないということです。原発ではこんな危険な作業があるから、どんなことがあっても原発には入ってはいけない、とひとこと言っておけばいいことなのです。

こうした少年労働は、いまもおそらく、あちこちであるのではないでしょうか。とくに福島第一原発の事故後は人手がいるので、暴力団もたくさんかかわっています。

●何十万人ものひとが原発で被ばくしている

現在（２０１２年6月現在）までに、原発とかかわった労働者の総数は２００万人を超えました。その5人にひとり、または4人にひとり、つまり40〜50万人が、被ばく労働者として闇に葬られました。この２００万人の中には、まだ原発で働いているひとたちもいます。

これまでわたしが取材してきた原発労働者の数は、正確には２００人は超えていると思います。取材したそのひとたちは、次々にからだを壊し、その現実を国に聞き届けてもらえずに亡くなり、または病気を抱えながらの苦しい生活を強いられていました。無惨で悲しかったです。

話を聞くことができた労働者のうち、本に登場してくれたひとはわずか二十数人です。**取材内容を本や雑誌に掲載したいと言うと、みな、地縁、血縁を気にして「いやあ、それは待ってくれ。きょうだいや知人や親戚が原発へ仕事に行っているから、わしはいいけど、やめてくれ」と言って承知してくれないのです。これは地方だけではなく、都心部でも同じです。つまり日本には、本当の意味での民主主義がないのです。**

福島第一原発事故後、ワシントン・ポストの記者から「東電の社員が何も語らないのは、なぜなのですか」と聞かれました。地縁、血縁を気にして下手なことを言えないのだ、と説明しましたが、海外の方にその感覚は理解できないようでした。

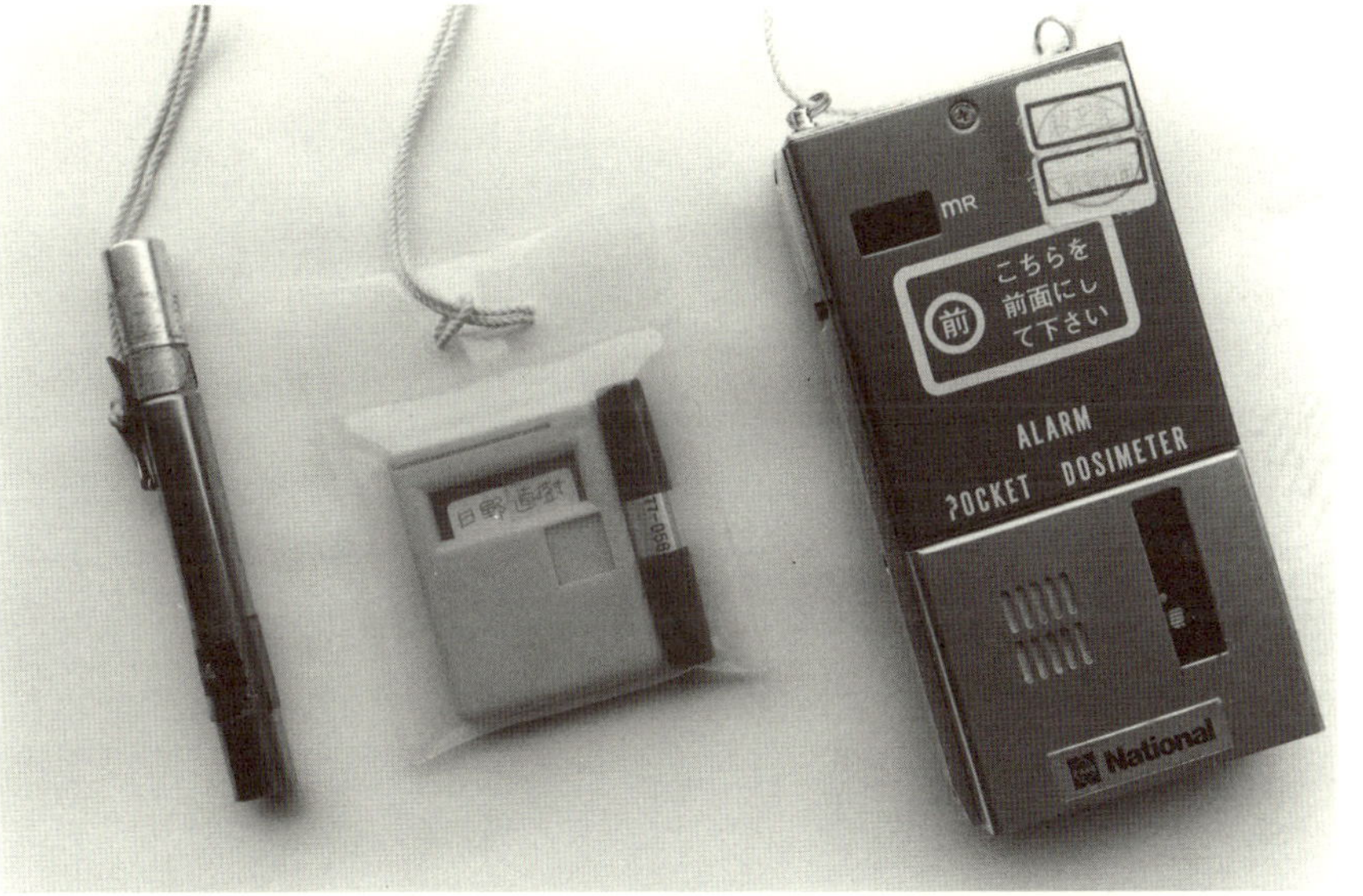

左から、ポケット線量計、フィルムバッジとTLD（ともに外部被ばくを計測するもの。写真ではビニールケースにともに納められている。右の細いほうがTLD。TLDとはthermoluminescence dosimeterの略で熱蛍光線量計のこと）、右端はアラームメーター（セットした線量に達すると警報ブザーが鳴る）。作業員はこの4つを必ず身につける。（1977年7月14日、福井県・敦賀原発）

●下請けの主な仕事は放射能の雑巾掛け

原発労働者たちは、「4つの神器」と呼んでいる機材を持って現場に入ります。現代科学の粋を集めた原発という巨大産業のなかで、まさに前近代的なことばがよく飛び出します。写真右のいちばん大きなものがアラームメーターです。今回の福島事故で東電は「アラームメーターが足りない」と言いましたが、これは労働者の大切な命綱です。命綱が人数分だけないとは、東電というのは何という会社かと思います。危機管理能力はゼロです。

労働者に話を聞いたところ、どんな仕事が多かったかというと、放射能の除染作業です。このような危険な作業を、いわゆる高学歴のひとたちがやるわけがありません。弱い立場の労働者に危険な仕事をやらせるのです。「からだだけあればよい」と思われているひとたちが、日本の社会にはたくさんいるということです。こういうひとたちがいないと、いまのような「豊かさ」は成り立ちません。これは、どこの国でも同じことです。

さて、除染作業というのはどういうものかというと、ぼろ雑巾で床にある放射能をふきまくるというものです。事故や故障時、また定期検査のときに行われます。部屋に放射能が充満していてアラームが唸っているとき、修理や検査に入るひとのために、少しでも放射能を減らす必要があるからです。

そのほか、機械類の運搬、配電盤施設の点検、サンダーがけ（パイプのさび落とし）、溶接作業、ランドリー（洗濯）、パイプ掃除、パイプ補修、放射能スラッジ（ヘドロ）かき出しなど、３００種以上の雑役により、やっと原発が動いていることは、35ページの表でも記しました。放射能スラッジかき出しなどの作業は放射能の海などというものではなく、もっとひどいもので、アラームメーターが鳴りっぱなしのなかで行います。宇宙にいるのと同じで、酸素ボンベをつけて作業をしたという話もあります。「核廃棄物処理」とは、核廃棄物のドラム缶詰めのことです。ランドリーとは防護服を洗う仕事です。作業時に身につけた防護服は、高くてもったいないから、洗濯して何度も使いまわすのだそうです。

43ページと45ページの写真は、１９７７年7月に撮影した敦賀原発内での労働作業のようす

重装備の防護服と、放射能を吸い込まないようにするためのマスクをつけて作業する労働者。作業現場では全面マスクをつけることもあるが、暑さや息苦しさ、また全面マスクが曇って前が見えなくなってしまうため、マスクを外しての労働を余儀なくされる。目からの被ばくが問題となり、現在では全面マスクをつけるようになっている。（1977年7月14日、福井県・敦賀原発）

です。当時、電力会社はこの2枚の写真を表に出されて、さぞ困ったことだろうと思います。世界で唯一、原発内部での定期検査中のようすを写した写真です。

敦賀原発での作業服は赤い色ですが、それをわたしが「危険の印」とあらゆるところで発言していたら、その数年後に赤服を青服に変えたそうです。「赤は危険な印」と言われるなら、今度は青にしてしまえ、ということです。「放射能を絶対に通さない素材」というところに熱心になるならよいのですが、そうではなくただ色を替えるとは、笑止なことです。わたしは「そうか、青服なら放射能を吸収でもするのか?」と皮肉を言いました。電力会社のやることというのは、その程度のレベルで、労働者のことなど少しも考えていないのです。

この写真を１９７７年当時、雑誌「アサヒグラフ」(朝日新聞)がモノクロを含め、13ページで特集を組んでくれました。出版部はわたしのところにも10冊ほど送ってくれましたが、お世話になったひとたちに配ったら手元に3冊くらいしか残りませんでした。もっと手元に置いておきたいと思って朝日新聞の購買部に電話をしたら「１冊もありません」と言われました。たぶん、その雑誌を電力会社が買い占めたのでしょう。

この人海戦術作業の写真が、原発の「安全神話」に疑問を呈してきました。たかが写真ですが、されど写真だ、とわたしも燃えました。やはり誰が何と言おうと、原発を撮り続けようと改めて思ったのです。

ジャーナリストは、単に事実報道をするだけではありません。わたしはその事実に基づいて

定期検査中の炉心部（ドライウエル）入口。原発内は、放射能の海のような環境。被ばく線量の高い場所では、数分刻みで、1日に1000人以上の下請け労働者が人海戦術で作業をする。（1977年7月14日、福井県・敦賀原発）

真実を追求しようと思いました。いまのマスコミは、みな事実報道です。だから国民に真実が伝わらないのです。このたった2枚の写真（43ページ、45ページ）が、わたしの人生をも変えるようになりました。

●「いい加減」だから成り立つ原発内の作業

原発での作業のために、場所によって3種類のマスクが用意されていますが、目を防護するゴーグルの付いているものを装着するととくに暑くて苦しく、自分の息で前が見えなくなるときがあるのだそうです。下請け労働者たちの仕事は、時間がくれば終わりというものではなく、給料を得るためには、ノルマを達成しなければなりません。そこでどうするかというと、慣れてくると「ちったあ（少しは）、いいや」とマスクを外してしまうのだそうです。すると当然、放射能を吸い込むことになり、内部被ばくしてしまうのです。それも慣れてくると1回や2回ではなく、マスクを外すのが当たり前になってくるのだそうです。

敦賀原発を取材しているとき、現場監督の梅《うめ》田《だ》隆《りゅう》亮《すけ》さんは、「樋口さん、**わしらがみんないい加減なことをやっているから、原発っていうのは動いているのだよ。作業もある程度適当にやらないと終わらない。本気で定期検査をやったら、6ヶ月や1年もかかるんだぜ。だから、みんな手抜きをやるのだ**」と言っていました。そのことばには、わたしも驚きました。

アラームメーターが鳴ると仕事をやめなくてはならないので、「これじゃ仕事にならん」と、

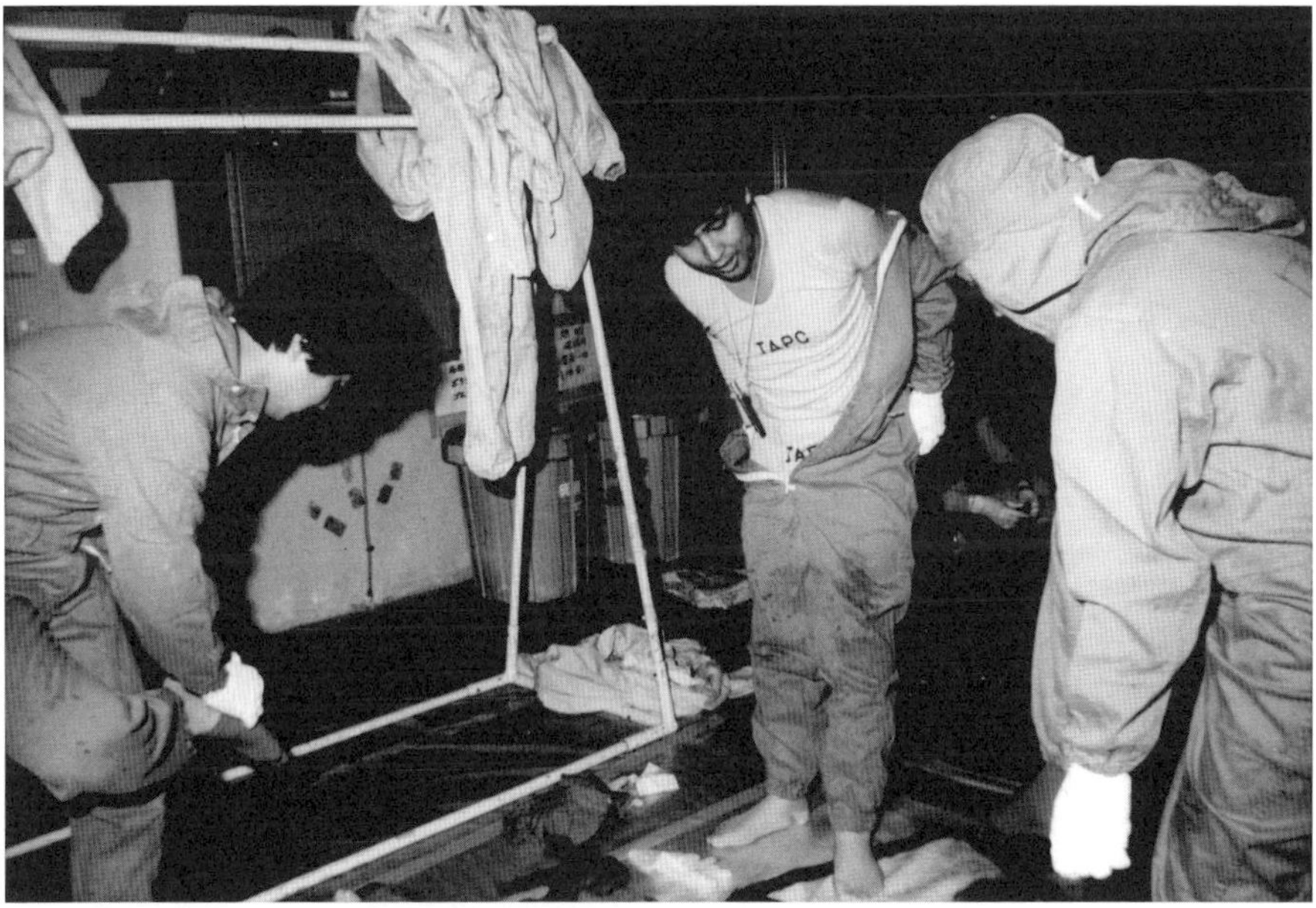

原発内での作業後、作業着を脱ぐ作業員。（1977年7月14日、福井県・敦賀原発）

労働者のアラームメーターをみんな取り上げ、地元で雇ったおじいさんを放射線の少ない場所に座らせて、首にアラームメーターをかけておくのだそうです。「それじゃ、放射線をどれくらい浴びたか、測れないじゃないですか」とわたしが言うと、梅田さんは「こういうことをわしらがやってきたんだ」と言っていました。

その梅田さんも放射能によってからだを壊し、心筋梗塞になってしまいました。２００８年に労災申請を出しましたが、２０１０年に却下されました。現在、福岡地裁へ提訴しています。

そして３ヶ月に１度、また、各請け負い会社のそれぞれの作業が終わった段階で、電力会社はホールボディーカウンターという内部被ばく計器で、労働者の被ばく線量を測ります。

しかしホールボディーカウンターというのも結構いい加減なもので、ガンマ（γ）線しか計測できません。放射線にはガンマ線のほかに、性質の異なるアルファ（α）線やベータ（β）線などがあることを述べましたが、それらの放射線も計測できないと、正確な被ばく量は測ることができません。ホールボディーカウンターは、「こういう計器もあるのだ、だから被ばくなんてあり得ない」とマスコミに宣伝するためのもののように、わたしには思えます。

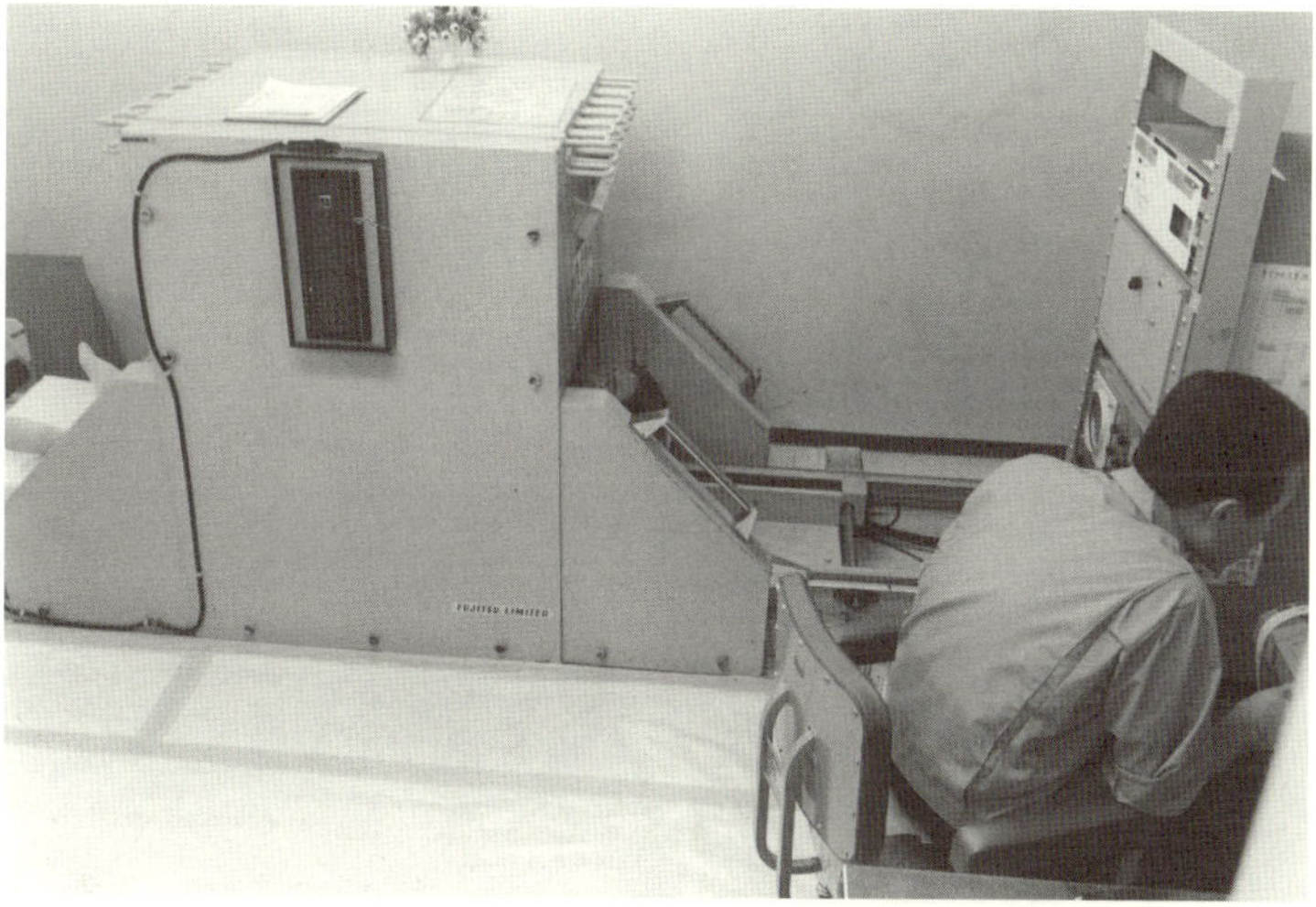

ホールボディカウンター。ガンマ線のみしか測定できない。（1977年7月、福井県・敦賀原発）

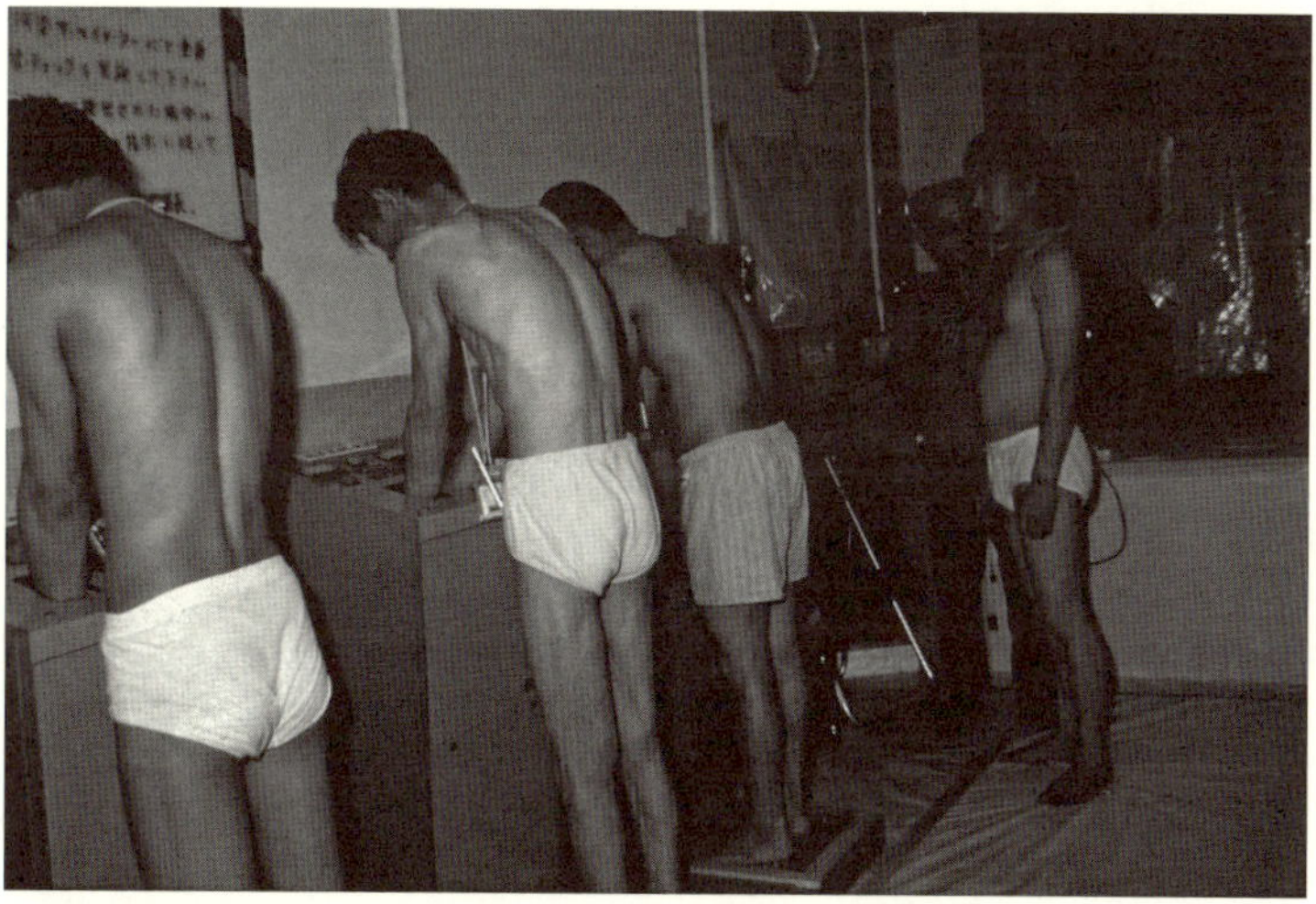

からだをシャワーで洗浄したあと、ハンドフットモニター（原発によっては体表面モニター）で計測し、放射能がないという結果が出れば外に出られる。（1977年7月、福井県・敦賀原発）

第3章　被ばく労働者の苦しみは続く

●1970年代初頭、福島第一原発で働き亡くなった山田三良さん、佐藤茂さん、生田目《なまため》好三《よしぞう》さん

わたしが取材してきた被ばく労働者のことを紹介しましょう。

1971年に東電の福島第一原発の1号機が運転開始をし、その後2～6号機までできていき、周辺の農業のひとたちは口こみで、労働者として駆り出されていきました。そして、何人も被ばくして棄てられました。70年代から80年代まで、次々と被ばく労働者の取材ができました。

「あのうちの子は20歳で死んじまったぞ」と話してくれるひとがあり、取材に行きました。**脳腫瘍で亡くなった山田三良さんです。**両親も「まさか原発の中が汚染されているなんて想像もしませんでした」と言っていました。そう思うのも当然のことです。国も電力会社もマスコミも、嘘ばかりついていたのですから。

わたしも、そのときまでは知らなかったのです。「原発の中は、いったいどうなっているのだろう」と思っていました。電力会社は、「原発はクリーンで安全、コンピュータで動かして

故・山田三良さん（享年20歳）は、地元の高校を卒業して東芝に入社。東京電力福島第一原発の原発内勤務ということで、希望をもっていた。「原発はクリーンな平和利用」と言われていたのを信じていた。（1979年4月、福島県・浪江町）

いる」と言います。しかし、労働者の話を聞くと、まったく違うというので「このギャップは何だ。どうも労働者の話のほうが本当のようだな」と思いました。

佐藤茂さんは、１９７２年４月から１年間、福島第一原発の中で、それこそ暗黒労働をした方です。東電の下請けで、放射能をふき取る仕事をしました。隠居の身で、お小遣い稼ぎのつもりで、知人と毎日、早朝から原発に通ったそうです。仕事場では、大きい扇風機がウォンウォンまわり、下からは蒸気が噴出するなか、全面マスク（防毒面）をつけて原発に入りました。暑くて苦しくて、それでも一生懸命働いて、寝たきりになってしまいました。

「毎日宇宙服を着て仕事したさ。音の出るもん（アラームメーター）は鳴りっぱなしだった。それでも仕事をやったさ。前が曇って見えなくなるから、防毒面も外したままでよ」と言っていました。線量が高くなり過ぎると首になる、と仲間に聞いていたので、「アラームがうるせえ」と自分で床に叩きつけて壊したそうです。会社からは、線量計の読み方や、アラームが鳴るとどんな危険があるのかも、知らされていなかったということです。

佐藤さんのお話を聞いていて、わたしは自分が原発の中に入らない限り、報道写真家としては失格だと思いました。ぜひ入ってみよう、と思いました。簡単ではありませんでしたが、長い時間をかけて交渉し、なんとか原発の中に入ることができました。

考えてみると、原発の中に入るよう、佐藤さんに背中を押されたのだと思います。「おじいさん、また写真を持ってくるよ」と言って、取材した約3ヶ月後にまた会いに戻りました。そ

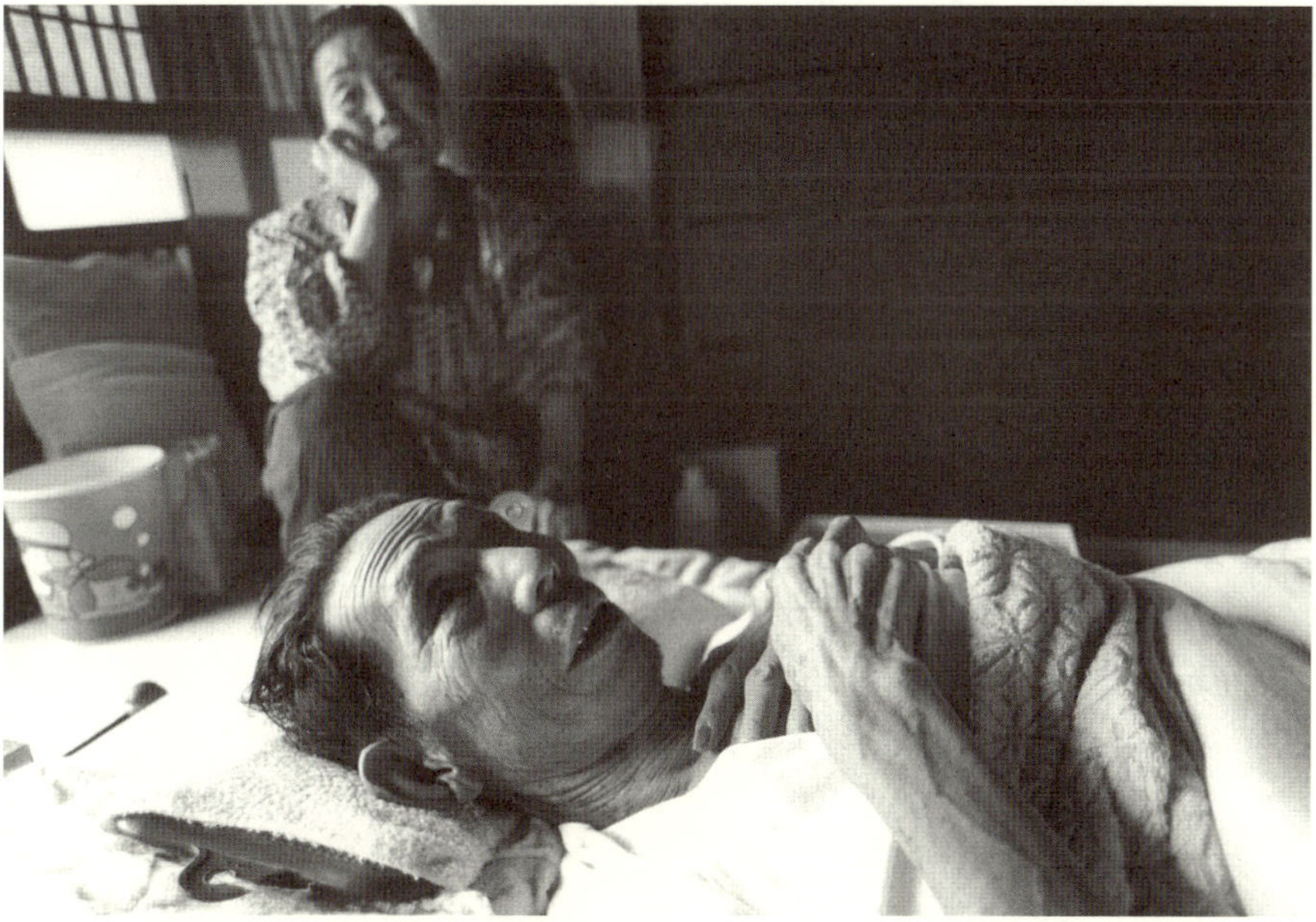

佐藤茂さん（当時68歳）は、1972年から1年間、東京電力の下請けとして原発に入った。1973年にからだ中に湿疹ができ、その後せきや痰がひどくなり、せき込んで脱腸になり手術もした。1974年になると、「年齢の順にやめてもらう」と、原発での仕事を首になった。1976年には寝込むようになり、入退院をくり返した。（1977年6月、福島県・浪江町の自宅で）

故・生田目好三さんの妻、千鶴子さんと5人の子どもたち。生活保護でやっと生計を立てている状態だった。
（1977年9月、福島県・大熊町の自宅で）

うしたら、佐藤さんは遺影になってしまっていたのです。佐藤さんは、１９７７、年、10月8日、68歳で骨髄転移性がん（白血病）で亡くなりました。

幼子を残して亡くなった生田目好三さん（享年49歳）は、とび職でした。１９７３～１９７５年まで東電の福島第一原発で働いていました。

「どんどんお酒の量が増えて、からだのあちこちが痛くなって。死ぬ前の晩も、こたつでお酒を飲んでいました。からだが痛いというので、肩などをなでてあげていたのですが、わたしも疲れて寝てしまいました。朝起きたらこたつにうつ伏せたまま死んでしまっていました」と妻の千鶴子さんが話してくれました。

こういうひとたちが大勢、本当にたく

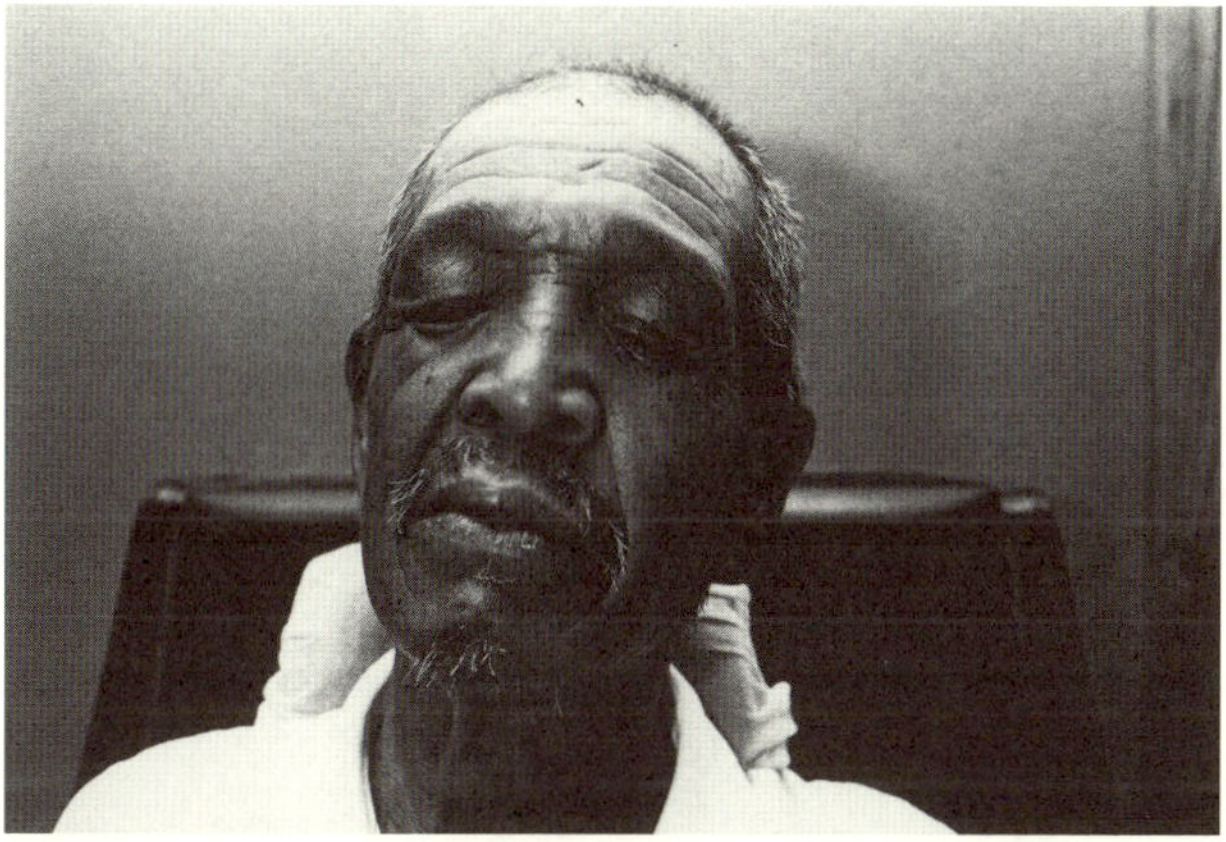

当時63歳で農業を営んでいた大久保智光さん。現金収入を得るために、福島第一原発で原発労働者のマスクや放射能汚染された防護服を洗濯する仕事に携わった。からだを壊してからはじめて、原発労働のおそろしさを自覚した。（1978年10月、福島県・双葉町）

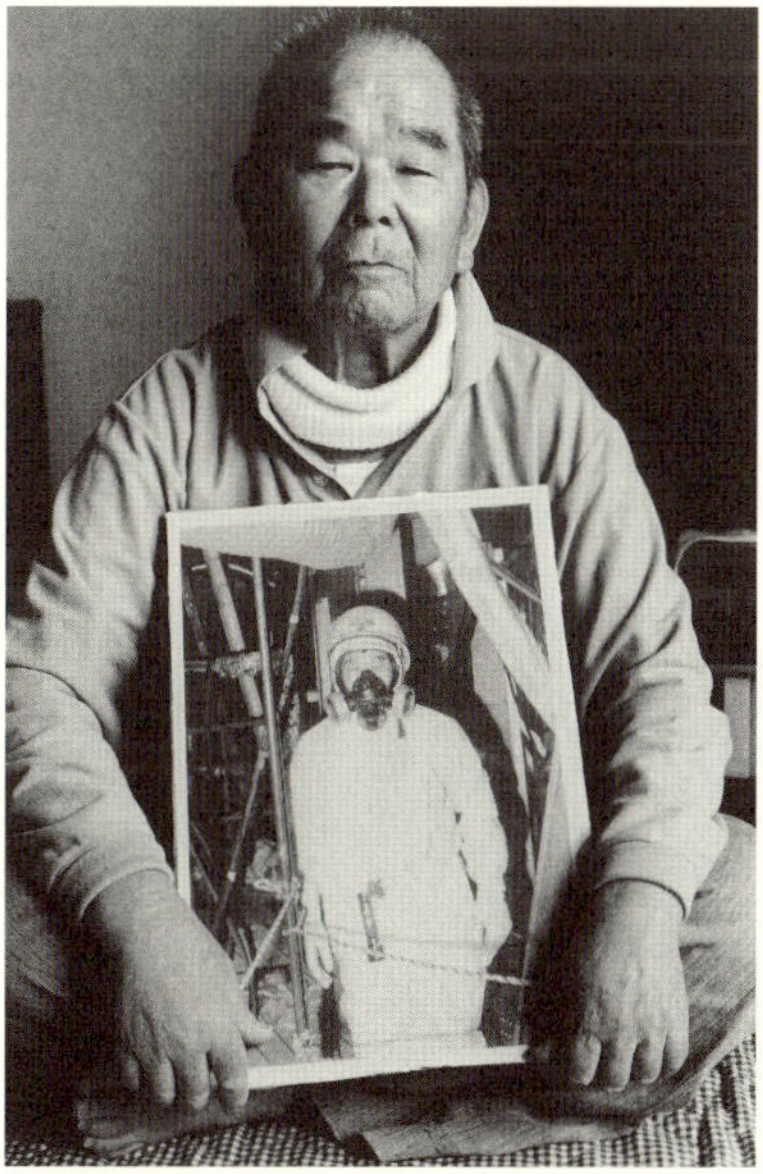

2004年に「多発性骨髄腫」で労災認定を勝ち取った長尾光明さん。原発内で働く自身の写真を抱えて。1977年10月から1982年1月まで、現場監督として東京電力福島第一原発をはじめ、日本原子力研究開発機構ふげん発電所、中部電力浜岡原発などで働いた。　長尾さんは2007年12月に亡くなった。（2003年5月、大阪府大阪市の自宅で）

さんいました。わたしは何千人もの労働者を見てきました。電力会社よ、三菱よ、三井よ、日立よ、住友よ、よく聞け！　と言いたくなります。あなたたちは彼らの屍《しかばね》を平然と踏み越えて、高給を食《は》んでいる。ましてや、文化人はそれにのってコマーシャル出演料をがっぽりもらっています。わたしは許せません。この想いをいま伝えなかったら被ばく労働者のひとたちの鎮魂になりません。

●日本初の原発被ばく裁判を起こした岩《いわ》佐《さ》嘉《か》寿《ず》幸《ゆき》さんの訴え（１９７１年被ばく）

大阪に住む岩佐嘉寿幸さんは、わが国で最初に被ばく裁判を提訴したひとです。

最初に会ったとき、わたしに朝日新聞の記事（１９７４年4月18日「みんなの科学」欄）を見せて、「あんたもこれと同じか！」と、つっかかってきました。

はじめは怖いひとだと思いましたが、話を聞き、なぜ岩佐さんがそのように言うのかが理解できました。朝日新聞のその記事は、肝心の原告である岩佐さんや弁護士に取材もなしに、科学部の記者大熊由紀子さんが書いたものでした。「ナゾだらけの皮膚炎　放射能説に多くの異論」という見出しで、岩佐さんが訴える原発での被ばく事故が「幻の被ばく事故」である可能性があるとした記事でした。

日本を代表する朝日新聞の記者が、そんなことをするだろうかと思い愕然《がくぜん》としました。つき

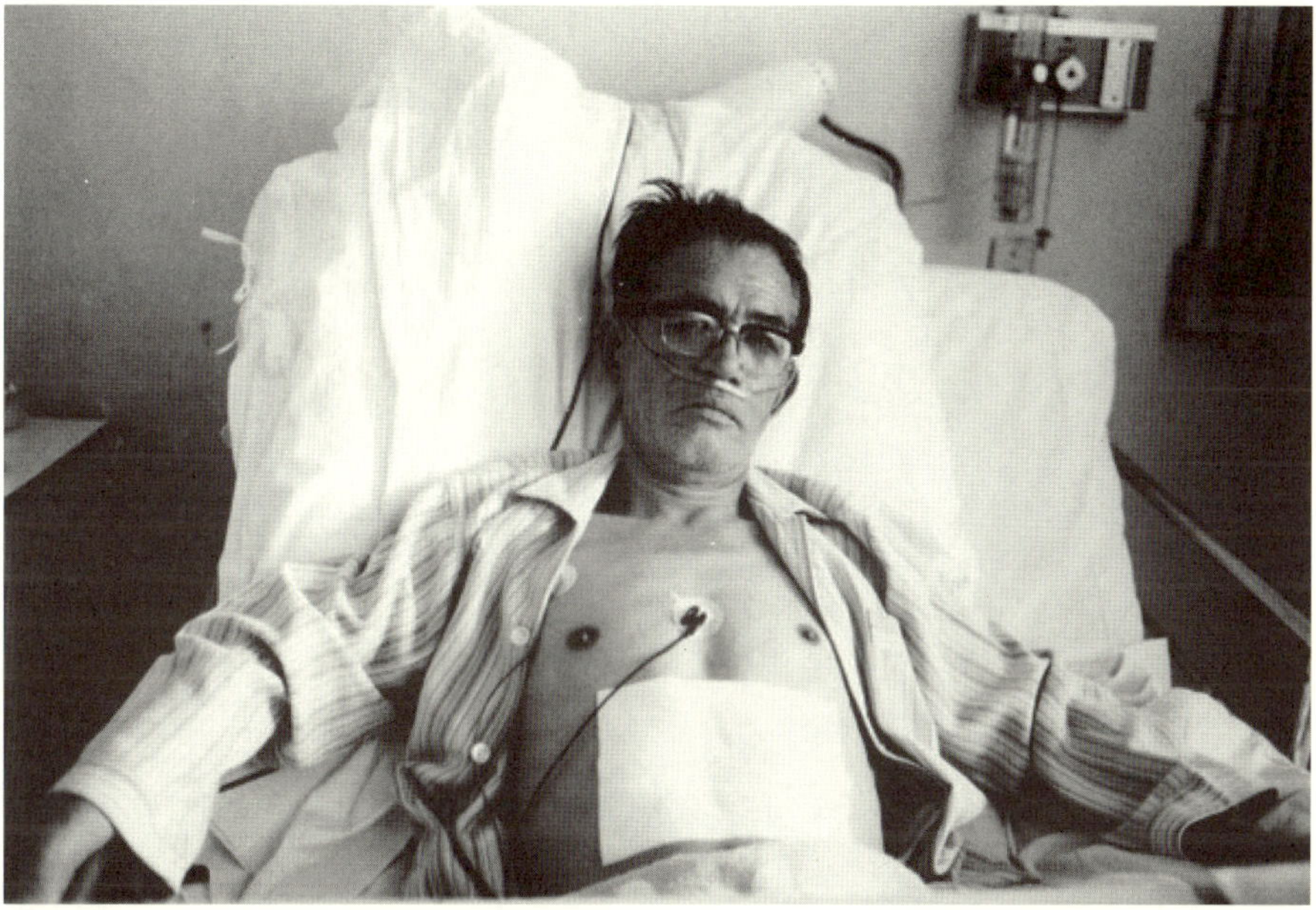

当時61歳の岩佐嘉寿幸さん。大阪地裁、高裁、最高裁と闘ったが、すべて全面棄却とされてしまった。裁判係争中、何回も緊急入院をくり返していた。（1984年3月、大阪の病院で）

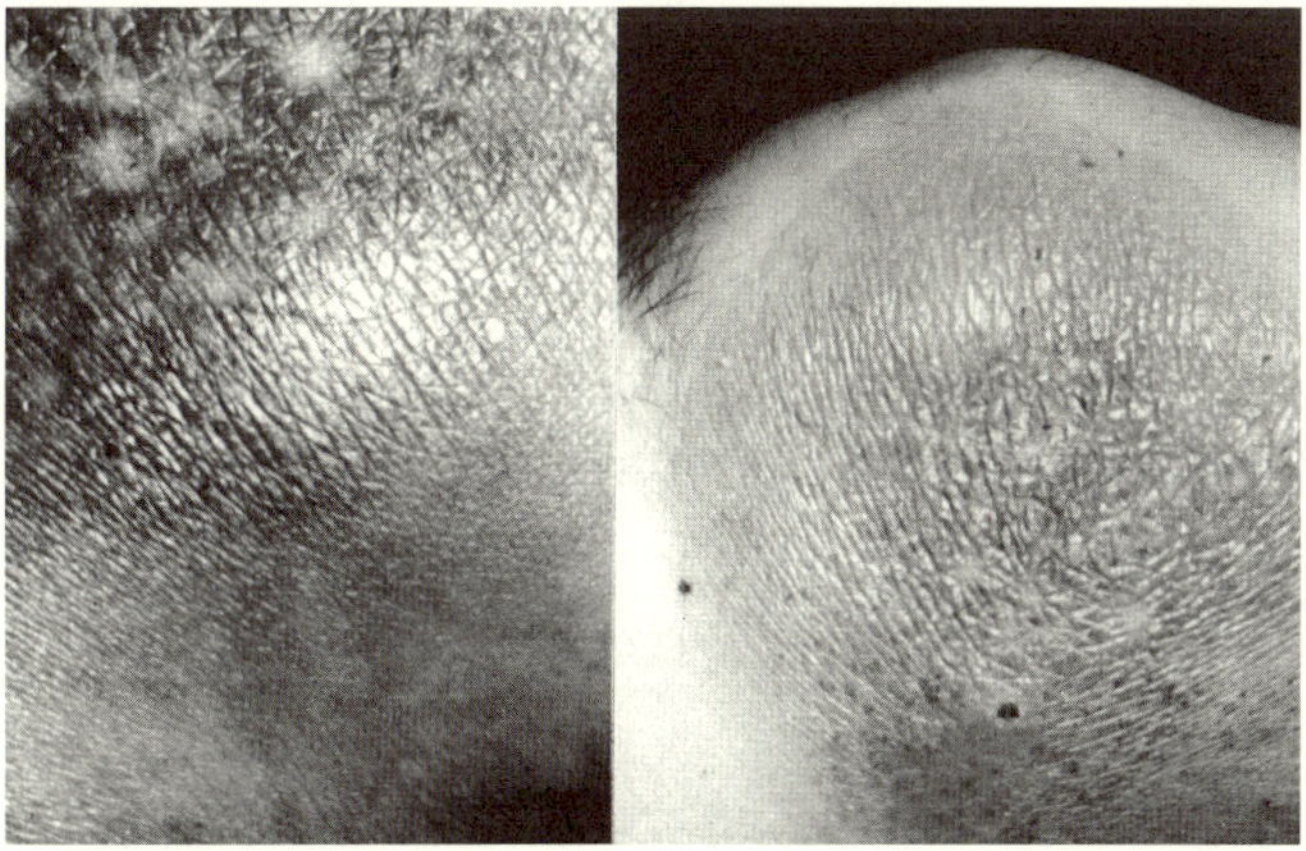

放射線被ばく（ベータ線熱傷）を受けた岩佐嘉寿幸さんの右膝内側。写真右は、ベータ線被ばくの当初。写真左は、被ばく後、皮膚が黒褐色へと変色していっているところ。被ばく後1週間目頃からやけどに似た症状になり、その後、赤黒く水泡痕が残った。6ヶ月に及び原因究明が行われた。

つめて考えると、当時の朝日新聞が原発に対して、賛成だったということでしょう。
岩佐さんは１９７1年5月27日、日本原電敦賀原発（福井県）でたった2時間半働いただけで、被ばくしてしまいました。48歳のときでした。岩佐さんは、ちいさな水道会社の従業員で、不断水穿孔《ふだんすいせんこう》工事（断水することなく本管から分岐管を分岐、接続する工法）などができる特殊技術をもっていたために、原発へ入らざるを得ませんでした。

　40センチメートルのパイプに、５センチメートルの穿孔工事の依頼を請け、１９７1年5月20日に最初に原発に行きました。当初は、「海水の中にあるパイプに穴をあけてほしい。潜水員が作業するパイプを切り離し、陸に上げておくから、それを直してくれ」と言われたのだそうです。ところが行ってみたら話がまるきり違っていて「海中からパイプを上げる職人の都合がつかなくなってしまったから、出直してほしい」と言われたそうです。

「大阪からわざわざ来たのだから、次に来てできなかったら冗談じゃありませんよ」と言いつつも、仕方がないので一度大阪に帰り、5月27日に改めて行きました。しかし、このときも予定が変更になり、海中のパイプを陸にあげて作業するはずが、「本当は炉内のパイプを原子炉外に持ち出して作業してもらいたかったけれど、外に出す許可が下りないので炉内で作業してください」と言われたということです。

　原子炉内に入ることに身の危険を感じ、作業を受けるかどうか迷いながらも担当者に頼み込まれ、「大丈夫ですから」のことばに押されて、原子炉の中に入ることになりました。

炉内では、直径40センチメートルあるパイプにまたがったり、床に右ひざをつけたりして作業しました。

作業の8日後、ベータ（β）線被ばくにより右ひざ内側に水ぶくれができました。それが悲劇のはじまりでした。そして岩佐さんのからだは放射線に蝕まれていきました。

2年間、周辺の病院を転々としました。からだの調子が悪くなるばかりなのに原因が見つからず、「これはもうダメかもしれない」という思いのなか、最後にたどり着いたのが国立・大阪大学病院（阪大）の皮膚科でした。阪大では、当時助手だった谷垣武彦医師と田代実医師が担当となり真剣に診察してくれました。

１９７３年8月14日にはじめて受診したときのことです。「この水ぶくれはただごとじゃない」となり、9月に「放射線皮膚炎、放射線被ばくの疑い」と診断されました。その後、田代医師が主治医になり、6ヶ月をかけて検査をして、さらに理学部とチームを組み、敦賀原発に入って現場検証をしました。

そして**最終的には「放射線皮膚炎（右膝）、二次リンパ浮腫（右下腿、足）」という診断が下されました。阪大の印がばっちりと押された診断書で、まさにこれはお墨つきです。**

この診断書を持って岩佐さんは１９７４年４月15日に大阪地裁へ提訴しました。田中角栄が首相だったときです。田中角栄は事故調査委員会「原電敦賀発電所被曝問題調査委員会」というものをつくりました。原因究明のためと言いつつ、この事故調査委員会は、実際には裁判を潰《つぶ》すためにつくられたものでした。構成メンバーは大学教授など専門家10人から成るものでした（詳しくは『闇に消される原発被曝者』樋口健二／著　八月書館）。

岩佐嘉寿幸さんの裁判のときも、福島第一原発事故後のように、東京大学を頂点とした学者、病院長が「被ばくではない」と嘘八百を言い、裁判潰しをしました。

阪大で6ヶ月かけてきっちりと検査し、診断書が出ているのにもかかわらず、国家というものは、おそろしいものだと思いました。国家プロジェクトである原発のためなら、不利になることは何が何でも潰せと、田中角栄も首相になっていましたから、必死だったのでしょう。

岩佐さんの裁判は、1981年3月30日に大阪地裁で「全面棄却」の判決でした。高裁へ上訴しましたが、高裁でも「全面棄却」されました。岩佐さんは入退院のくり返しのなかで、裁判を続けました。

1991年12月17日に担当弁護士から「樋口さんも最高裁判所へ行くか」と声をかけられて「行きます！」と即答しました。行ってみると簡単な裁判でした。最高裁の判決は「高裁を支持する。全面棄却」で敗訴確定です。**およそ17年間闘いましたが、無残に、阪大の診断書すらも潰されてしまいました。**

「これはただごとじゃない、被ばく労働者はみんな潰されるかもしれない」と思いました。

岩佐さんは大阪の松原市にある阪南中央病院に入院していましたが、村田三郎医師（現副院長）という、原発被ばくの認定に欠かせない医師がいて、わたしは村田さんとはニューヨーク

自宅前での岩佐さんとお連れ合い。生活保護を打ち切られ、裁判と病院通いとで、経済的にも苦しい日々が続いた。（1978年8月、大阪府・港区）

にまで一緒に行った仲ですが、その村田さんから２０００年9月に電話がありました。

「樋口さん、あんたの名前を岩佐さんが呼び続けている、一度見舞ってくれないか」と。それで9月25日、阪南中央病院の玄関を入ったら「助けてくれ、苦しいよー！」と聞こえてくるではありませんか。４階の病室から岩佐さんの叫び声が１階まで筒抜けでした。「そんなに苦しんでいるのか……」と茫然としました。「樋口さん、助けてくれ、助けてくれ」と言うのです。「岩佐さん、わたしは医者じゃないんだ。せめて背中くらいしかさすってあげられないよ」と背中をさすりました。岩佐さんはそのときに「これからも俺の苦しみを伝えていってくれ」と言いました。それから２週間後の10月11日に、岩佐さんは亡くなってしまいました。わたしは、岩佐さんと出会わなければ、こんなにも被ばく問題にのめり込まなかったと思います。

福島第一原発の事故後、雑誌『フライデー』緊急増刊号（講談社／刊　２０１１年６月18日発行）で岩佐さんの写真を掲載してもらえることになりました。

最初は白黒３ページ（６月３日発行）で岩佐さん以外のほかのひとの写真を掲載してもらいましたが、編集部のひとが「いま、福島の事故によるベータ線被ばくで苦しんでいるひとたちがいます。樋口さんは岩佐さんをずっと撮っているから、ベータ線被ばくのカラー写真がありましたね」と言うので、若い編集者に「岩佐さんのことを載せてくれないか」と頼みました。そうして「ベータ線熱傷で肌は爛れ黒褐色に！」というタイトルで岩佐さんと、岩佐さんのベータ線被ばくの写真を掲載しました。そして「おれだけの証言じゃダメだぞ、村田三郎医師に連絡を取ってくれ」と伝えたら、村田医師のコメントを入れて全国的に発売してくれました。こころのなかで、「岩佐さん、伝えたぞ！」と思いました。

ベータ線被ばくは、最初は水ぶくれで、次第に黒褐色に変わっていきます。そして浮腫になり、皮膚を押しても戻らなくなりますが、これを裁判では「あり得ないことだ」と言われました。こんな症状になっても、裁判では簡単に潰されてしまうのです。岩佐さんだけではなく、その後もふたつの裁判が潰されています。

潰された裁判のひとつは、東海村ＪＣＯ臨界事故によって被ばくした故・大泉昭一さんと妻の恵子さんの起こした裁判です。大泉さんの経営する自動車部品製造工場は、ＪＣＯ工場から直線距離にして、わずか１００メートルほどしか離れておらず、ふたりは被ばくし、ＪＣＯを被告として健康損害補償裁判を提訴しましたが、棄却されました（２００２年9月）。もうひとつは福島第一原発などでの労働により多発性骨髄腫になってしまった長尾光明さん（55ページ写真）が、東京電力の責任を明確にしようと起こした裁判です。長尾さんは労災は勝ち取ることができましたが、今後の原発労働者の放射線被害をくい止めたいという思いにより、東京電力を被告とし損害賠償請求の裁判を提訴し、棄却されました（２００４年10月）。

●38歳で被ばく（１９７０年）、裁判を起こす前に潰された村居国雄さん

村居国雄さんとは、岩佐さんからの紹介で会いました。岩佐さんが「樋口さん、裁判をする前に潰されたひとがいるけれど、どうする。行くか」と言うので「行きます」と返事をしました。取材当初、村居さんは44歳で家も売り、暮らしは貧しく苦しい状態でした。

わたしは村居さんに、生活保護を受けることをすすめましたが、村居さんは「樋口さん、ここは被差別部落ですよ。この場所で40代の人間がぶらぶらしていて国からめんどうを見てもらっていたら、まわりからどんな目で見られるかわからない」と言いました。村居さんは被差別部落の出身で、その地域で農業を営んでいました。村居さんの話を聞き、差別されている同じ立場のひと同士が対立させられている構造があることに気づき、愕然としました。

若狭湾には、65キロの距離の間に15基の原発があります。１９７０年当時、定期検査は1年

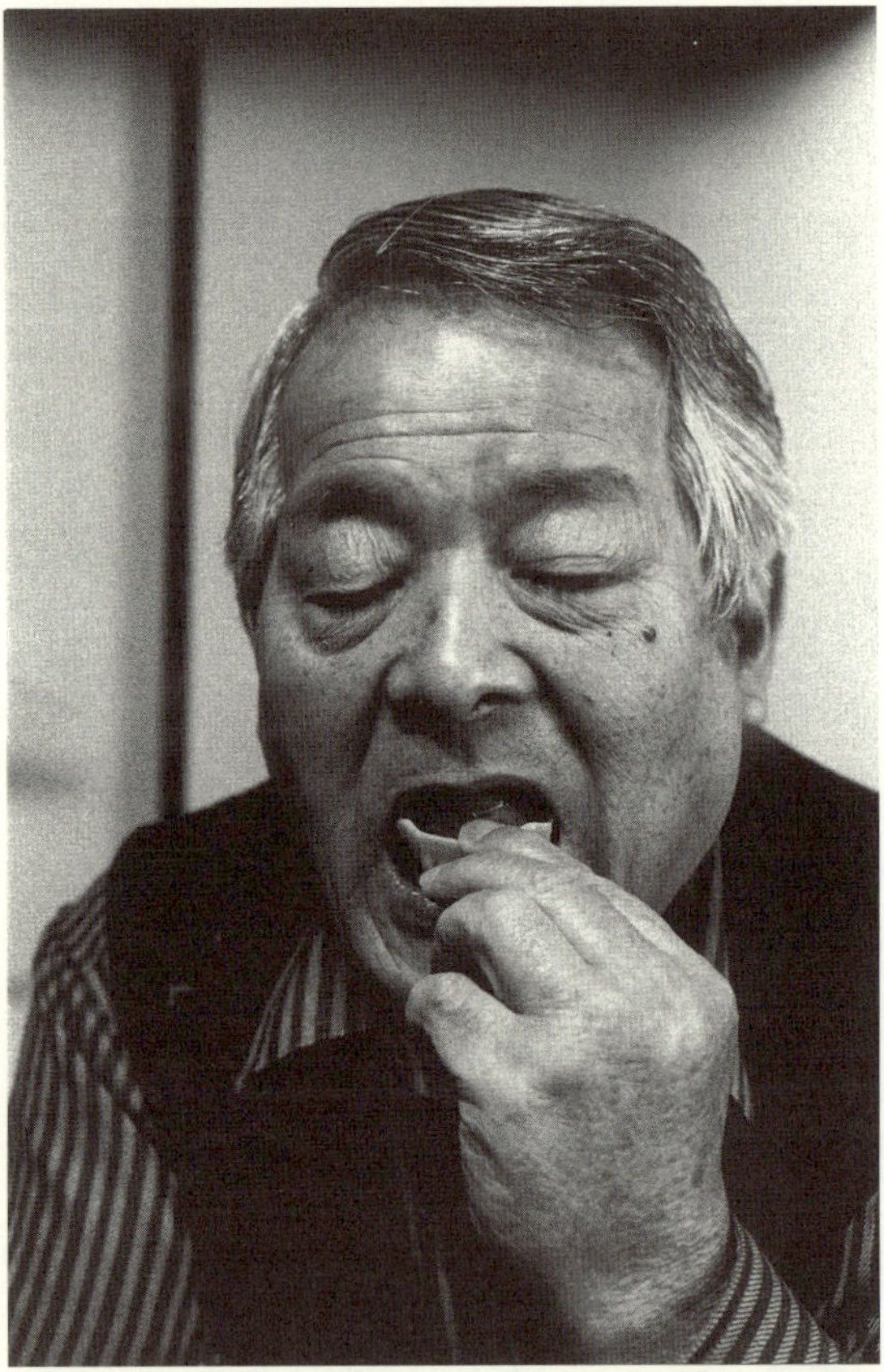

被ばく以後、総入れ歯にした村居国雄さん（63歳）。村居さんのからだは健康な状態には戻らず、病気に冒され続けた。どこにも訴えられず、医師にも相手にされない。原発で被ばくし病気になったひとたちは共通して、ひとり苦しむもどかしさをこころのなかにもっている。村居さんは2011年5月5日に亡くなった。（1995年3月、自宅にて）

に1度、3ヶ月かけて行われるものであり、1年のうち、つねに若狭湾付近にある原発のどれかは必ず定期検査をすることになり、労働者が必要となります。そのあたりには被差別部落がかなりあり、原発では、多くの被差別部落のひとが働いていたのです。原発をつくるときに、労働者をどこから調達するかまで計算してつくったのではないでしょうか。「労働者はこういうところにいっぱいいるぞ。このひとたちを使ったらいいじゃあないか」と考えたのではないか、と推測せざるを得ませんでした。

１９７０年、村居さんは敦賀市内の建材屋から「ラクで金もうけのできるいい話がある」と誘われ、敦賀原発の下請け会社、株式会社ビル代行に雇われ、原発で日雇い作業員として働くことになりました。当時、ビル代行は政治力があったのでしょう。日本全国、すべての原発に入っています。いろいろな事件が起きたせいか、現在では「アトックス」という社名に変更しました。

村居さんは１９７０年10月22日から11月13日まで敦賀原発で働き、11月13日に被ばく事故にあいました。

事故当日、一次冷却系の配管のある部屋で水漏れがあり、村居さんは指示されて班長とふたりで午前10時半から11時半までの１時間、その部屋に入りました。あとで聞くと、この部屋は放射能が充満している危険な場所で、ひとが入れないように施錠されていたところだったそうです。

村居さんが行ったのは、雑巾で水漏れをふき、その雑巾をナイロンの袋に突っ込んでいくという作業でした。袋がいっぱいになると、班長がドラム缶詰め（放射性廃棄物として処理するため）の工場に持っていきます。この作業を約１時間やって外へ出たら、２ミリシーベルト（当時の単位で２００ミリレム）まで測れるポケット線量計の針が振り切れ、針が見えなくなっていたのです。

村居さんは、わずか１時間で、５ミリシーベルトの被ばくをしました。当時は、１日１ミリシーベルト（当時の単位で100ミリレム）しか浴びてはいけないことになっていました。

ビル代行の所長が、フィルムバッチ（41ページ写真参照）を村居さんのいた場所に1時間置いてみて、被ばく当日の線量を測ったそうです。**その数値は、3・9ミリシーベルト（390ミリレム）でした。それに、働いた日数の全線量をたすと平均して5・25ミリシーベルト（525ミリレム）というたいへんな量の放射線を、約1時間で浴びてしまったのです。**

翌年の3月頃から、歯がボロボロになり10本も欠け、高熱と倦怠感が1ヶ月以上も続き、毛髪がごっそりと抜け落ちてしまいました。被ばく当時は38歳。その6年後にわたしが訪ねたときには、症状がひどく、もう働けない状態でした。

村居さんのことを岩佐さんの訴訟に関係した医者や理学部の先生や弁護士が知り、「一緒に裁判をしよう」と誘いましたが、ビル代行と敦賀原発はそのことをキャッチし、すぐに村居さんのお連れ合いを抱き込み、600万のお金で示談にしてしまい、結局、裁判は起こす前に潰されました。村居さんはわたしと会うたびに「家内が悪いのではない。原発が悪いんだ」と言い、お連れ合いをかばっていました。

お連れ合いは、娘3人と村居さんを含めて4人を養う必要がありました。仕事は松下電器（現パナソニック）のハンダ付けで、夜中の2時頃までやると言っていました。これで食い繋いでいたのですから、たいへんな苦労です。わたしが行ったときには、すでにわずかな田畑も家も、みんな人手にわたっていました。

　村居さんの話を伺い、本当につらく悲しかったです。岩佐さんと村居さんのふたりを見て、わたしは絶対に原発を見続けてやろう、やがて絶対に真実を明らかにしてやろうと思いました。

●29歳の若さで亡くなった嶋橋伸之さん（１９８１〜１９８９年被ばく）

　嶋橋伸之さんは１９８１年春に神奈川県横須賀市内の高校を卒業し、横浜市にある中部電力浜岡原発の保守点検を請け負う孫請け会社に就職し、浜岡原発の勤務になりました。息子のことを思った両親は、横須賀市から静岡県・浜岡町（現・御前崎市）の浜岡原発が見える場所に自宅を新築し、転居をしていました。そして嶋橋さんは浜岡原発で8年10ヶ月間働き、慢性骨髄性白血病になって１９９１年10月20日に29歳の若さで亡くなりました。

　嶋橋さんの父親は自衛隊の仕事をしていて、国の言うことはすべて正しいと信じていたそうです。**原発は、「クリーンで安全で、平和利用」だと洗脳されていたのです。**母親の嶋橋美智子さんは、「原発の中が汚染されているなんて想像もできないじゃないですか。こんなことを知っていたら息子を原発にやるんじゃなかった」と慟哭《どうこく》しました。

　ここでいちばん重要な点は、放射線管理手帳の改ざんがあったことです。嶋橋さんが亡くなった翌日に、中部電力は下請けに指示をしたのか、下請けが勝手にやったのかはわかりませんが、線量を改ざんしました。放射線管理手帳は嶋橋さんの死後1年間、親元に渡されませんでした。弁護士の海渡《かいど》雄一《ゆういち》さんが、中部電力と交渉して放射線管理手帳を取ってきたのでわかっ

故・嶋橋伸之さん（享年29歳）の遺影と、嶋橋さんの両親。嶋橋さんは原発の内部作業を行い、慢性骨髄性白血病で亡くなった。　両親の訴えにより、1994年7月27日に労災認定が下された。（1995年3月、静岡県・浜岡町〈現・御前崎市〉の自宅で）

たことです。

嶋橋さんの被ばく総量は8年10ヶ月で50・63ミリシーベルトで、原発労働者に定められている年間の被ばく線量限度には達していませんでしたが、放射線被ばく労働者に対する労災認定の白血病の基準（＊8）を満たしていたため、労災認定を勝ち取りました（1994年7月27日）。

しかし、こういう闘いがなければ、この国は労災さえもらえないのです。「できる限り放っておけ」という態度です。いまの東電も同じです。福島原発の事故収束に当たっている労働者たちへの責任なんて絶対に取りません。

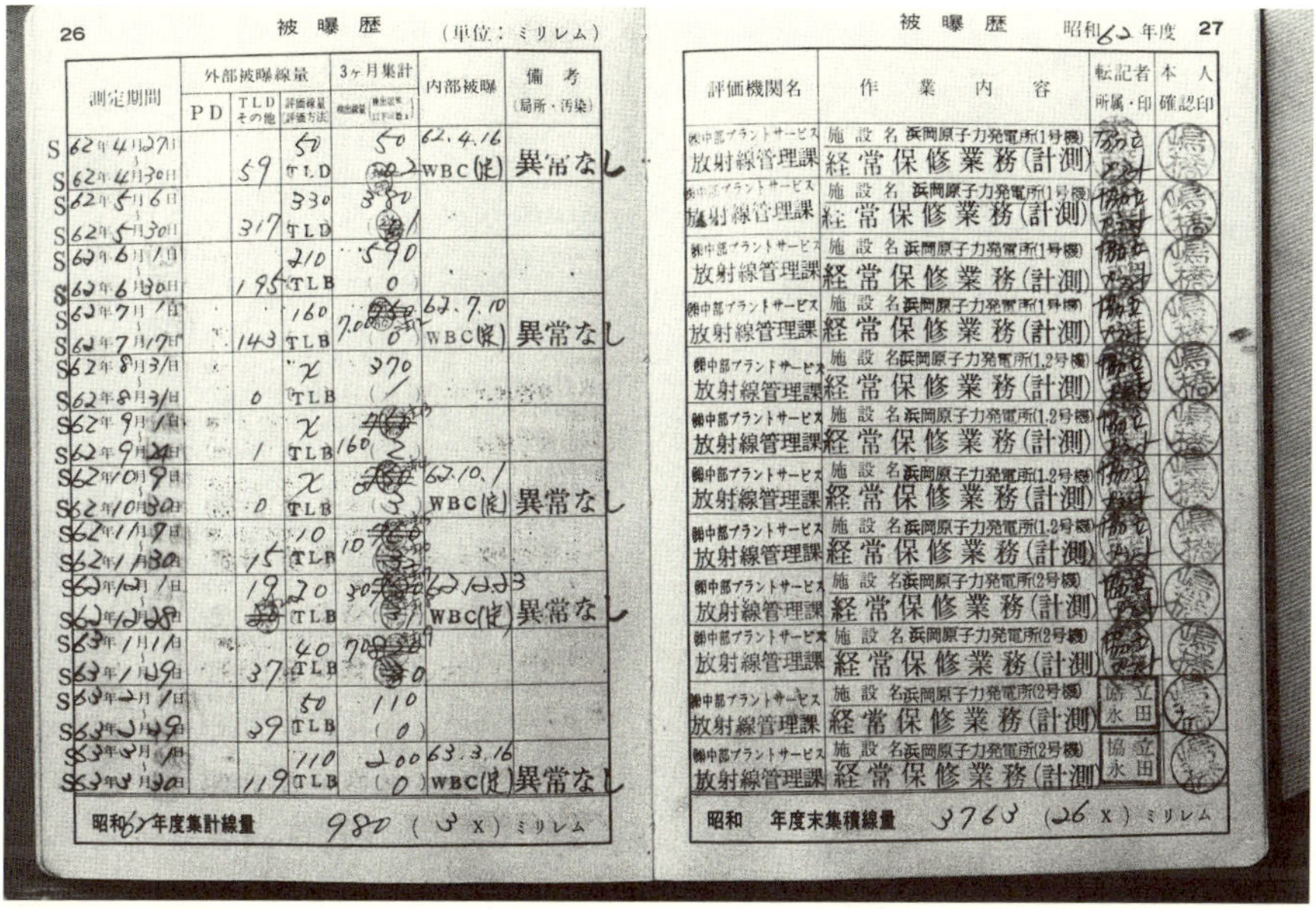

放射線管理手帳の左ページには、嶋橋さんの放射線量が記録されていたが、消されて新しい数字が書き込まれ、確認印が押され改ざんされていた。（1995年3月、静岡県・浜岡町〈現・御前崎市〉）の自宅で）

本来、放射線管理手帳は労働者全員が持っていなくてはいけません。わたしは、ビル代行に問うたことがありました。「この手帳は労働者がみんな持たなくちゃダメじゃないですか」と。すると、「労働者はあちこちの原発をわたり歩いているので、管理手帳を落としてなくすひとがいるのですよ。一括管理していないと、ダメなんです」などとうまいことを言っていました。**しかし本当はそうではなく、「一括管理して線量を改ざんしちゃおう」ということなのです。**立ち入り台帳は、みな鉛筆書きなので、消して修正してしまえるのです。わたしが原発に入ったときもそうでしたが、ボールペンではありませんでした。こんないい加減さなのです。きっと今後、問われていくでしょう。

（＊8） 放射線被ばく労働者に対する労災認定の白血病の基準……①相当量の被ばく（5ミリシーベルト×被ばく労働に従事した年数）、②被ばく開始後、少なくとも1年を超える期間を経ての発病、③骨髄性白血病またはリンパ性白血病であること。（1976年労働基準局長通達）。以上の条件で計算すると、嶋橋さんの場合、44ミリシーベルト以上の被ばくをしていれば、この基準を満たすことになる。（参考／『原発訴訟』海渡雄一／著　岩波新書）

●台湾の被ばく者と、核廃棄物処理の島

原発のあるところには、被ばく者が必ずいます。台湾にもいます。

台湾には、わたしを支持してくれた素晴らしいひと、陳映真《ちんえいしん》さんがいます。陳さんは日本語と英語が堪能で、フォト・ドキュメンタリー中心の『人間』（1985年発刊）という雑誌の発行兼編集人をしています。映像を重視しているひとで、わたしの写真を、四日市公害や毒ガ

欧萬居さんは原発の犠牲となり、4人の子どもを残して34歳の若さで亡くなった。（1988年10月、台湾新荘市）

ス島（広島県の大久野島。戦時中に毒ガスを作っていた島を取材した）から原発被ばく者まで、すべて雑誌で特集してくれました。

その陳さんから誘われ、１９８７年に台湾で写真展をしました。その彼が「台湾の原発労働者を取材しますか」と。１９８８年に連れていってもらいました。

台湾では何人かの被ばく者を取材しましたが、欧萬居《おうまんきょ》さんという34歳の青年の死も悲しかったです。４人の子どもがいました。原発内での定期検査中に、３階あたりから転げ落ちて１週間ほど苦しんで亡くなったそうです。

日本では遺体は火葬にしますが、

台湾では遺体を棺桶に入れ、7年くらいお墓で白骨化するまで待ち、それからお墓を掘り返して骨壺に骨を移すそうです。しかし欧さんの遺体は、遺体を棺桶に入れて7年後に掘り出してみたら、遺体はほとんど腐らず、白骨化していなかったそうです。「いったいどういうことだ」と調べたら、欧さんが原発で働いていたことがわかりました。

そして遺体を国立台湾大学へ持ち込んで放射線量を調べたら、一般のひとの１０００倍の放射線が出ていることがわかりました。遺体が腐らなかった理由はおそらく、放射線が微生物を寄せ付けなかったからでしょう。

「日本からわざわざ取材にきて、はじめて親身に話を聞いてくれた」とお連れ合いが泣いてよろこんでくれました。原発があるところではどこでも、同じような悲劇が起こるのです。労働者は補償もなく、放り投げられてしまうのです。

また、台湾では核廃棄物の島にされてしまった場所もあります。

台湾は日本の西表島とほぼ同じ緯度にあります。九州と同じくらいの面積に約２０００万人が住んでいます。わたしが取材に行った１９８０年代には原発が6基ありました。

本島には、放射性廃棄物を入れたドラム缶を置く場所がなく、国際的な決まりで海にも棄てられません。台湾の電力公司は、台湾本島から太平洋側に約70キロの場所に位置する蘭嶼島《らんゆとう》に目をつけました。蘭嶼島にはヤミ族という原住民がいますが、彼らを「缶詰工場をつくるから協力しろ」とだましました。島のひとたちは「出稼ぎに行かなくてすむ」とよろこびましたが、

台湾の伝統にならい、土葬後6年目に欧さんの骨を骨壺に移すために掘り出してみると、肺臓やその周辺が腐敗していなかった。司法解剖された結果、一般のひとの1000倍もの放射能が検出され、問題になった。（1988年10月、台湾新庄市。遺族撮影の写真から）

実際にできたのは核廃棄物貯蔵所でした。

わたしが取材に行くと、青年が「島民をだましたんだ」と怒っていました。それを見て、「日本と同じじゃないか」と思いました。日本はこんなに露骨ではありませんが、同じようなものです。人間は食べれば排泄物が出ます。核だって廃棄物が出て当然です。

●福島第一原発事故で労災が認定された大角信勝《おおすみのぶかつ》さん（2012年被ばく）

いま、東京電力福島第一原発でも、多くの作業員が身を危険にさらして働いています。多くのひとが被ばく労働で健康を蝕まれていると予想されますが、2011年5月14日、収束作業にあたっていた最中に心筋梗塞（＊9）で亡くなった大角信勝さん（享年60歳）が労災認定を受けることができました。これまで、たくさんの労働者が潰されているのを見てきましたが、今回の労災認定は画期的と言っていいと思います。厚労省の目を開かせたという意味ではひとつの発展です。

大角さんは体格のよいひとで、妻はタイ人のカニカさんです。労災認定を担当した大橋昭夫弁護士から聞いたところによると、大角さんは臨時作業員として東芝の4次下請けで働いていたそうです。島根や浜岡の原発でも働いた経験があり、もともとは溶接工で、配管工事を仕事としていました。

いま、福島第一原発ではどこを直す、というレベルではなく、放射能を含んだ廃棄物をひた

台湾の蘭嶼島につくられた核廃棄物貯蔵所。ドラム缶に詰められた核廃棄物が地下に納められている。（1988年10月、台湾蘭嶼島）

敦賀原発では、放射性廃棄物の処理方法が見つからないまま、ドラム缶にそれを詰め、ビニールシートをかぶせて屋外に置かれていた。（1977年7月13日、福井県・敦賀原発）

すら処理する仕事しかありません。燃料を冷却するために使用した水をドラム缶へ詰めていく作業などです。大角さんの労働現場も、そうした集中廃棄物処理施設での配管工事でした。

大角さんがいままで原発で働いて受けた放射線量は、会社が管理していて、本人にもほかのひとにも、まったくわからない状態でした。今回の東電での作業では０・６７ミリシーベルトしか出ず、労災認定を勝ち取った理由は、被ばくではなく、過酷な過重労働でした。

大角さんの当時の行動を追ってみると、いかに短期間で荷重な労働を強いられていたかがわかります。また確認してみると、空白の6時間もありましたが、わたしはそのあたりに何かあったのではないかと予測します。受けた放射能の量にも疑問が残ります。嶋橋伸之さんのケース（67ページ）のように、被ばく量を改ざんされているのではないかと疑問をもちます。

また、大角さんの体調が急変したのは朝でしたが、医師がまだ出勤していない時間で、すぐに治療を受けることができませんでした。大勢の作業員が早朝から働いているにもかかわらず、作業員の勤務時間内に医師が不在だった時間があり、しかも医師がひとりしかいなかったことも問題です。

大角さんの遺族が労災申請をすると元請けの東芝にマイナス点がついてしまうため、大角さんを管理していた人出し業の親方もそれでは困る、と「１００万円で手を打たないか」と妻のカニカさんを抱き込もうとしました。労災認定が下りると３０００万円は出るところ、たった１００万円で潰そうとしたのです。１００万円をわたされたら、普通なら受け取ってしまうでしょう。しかしそのことをキャッチしたひとがいて、大橋弁護士との関係がつくられました。大角さんの地元、静岡県御前崎市（浜岡）には、反原発を訴えるひとが大勢いてそのひとたちがフォローしたのだと思います。

大角さんは1日2万円の日当で働いていました。通常の原発労働よりもかなり高い金額です。4次下請けだったので、5万円くらいはピンハネされていたのでしょう。原発事故のような悲劇が起こっても、手を汚さず、どこかが潤うようになっているのです。この構造をわたしたちは頭の中に描かないといけません。最後につけ加えると、大角さんが亡くなっても、どこからも線香代もお見舞いもなかったそうです。労働者に対しては、どこでも同じでした。

福島第一原発の事故で労災を認められた大角信勝さんの遺影を抱く妻のカニカさん。（2012年12月21日、静岡県御前崎市の自宅で）

（＊9）　心筋梗塞……放射線によって起こる心筋梗塞は、原爆症認定疾患（広島・長崎）のひとつとされているが、実際の認定例は少ない。

●原発は現代社会の象徴

原発は社会の象徴です。原発に限らず、あらゆる企業で、会社にとってマイナスになることはもみ消されていきます。人間は、醜いことは隠してしまいたいのです。しかし、お金もうけのために誰かを犠牲にしていいなんていうことは憲法にはないのです。ここがわたしのいちばん伝えたいことです。

原発は国策であり、国の根っこがかかわっています。**弱いひとたちを犠牲にするのが、この国のありようです。そしてそれはいまもむかしも、変わりません。**この大きなところが変われば、あらゆる差別がなくなり、社会が変わってくるでしょう。

野田総理大臣は、はじめは原発をなくす方向へ、などと言いましたが、民主党は選挙母体が原発と関係の深い連合（日本労働組合総連合会）です。はむかえば政治資金が出なくなります。野田総理は結局、発言を撤回し「お金」を選びました。政治に対する信念がないのです。

いまや政治家だけではなく、日本人すべてがそうです。目の前の生活に慣れ過ぎて、保身に走っています。**日本人から「人間を大事にしよう」という思想がなくなっているのです。**

わたしは、このような経済最優先、利潤追求のシステムは、一度全部壊してしまってもいいと思います。また新たにはじめればいいのではないでしょうか。そして、**新しいことをはじめるときは、ひとの生死を左右するような産業だけはもうやめよう、という思想をもたないといけません。**

国民一人ひとりが、過去を学び、本当の教養を身につけること、そして事実をもとに、その裏の見えないものを追求する姿勢も大切です。これは頭の善し悪しではなく、「こころ」がないと見えてこないものです。新聞を読んで、「これは何だろう、どういうことなのだろう」と疑問に思う力がないといけません。

教育のあり方も、変えなければならないと思います。幼稚園から大学まで、いい学校に入り、いい企業に入り、国のためになる人間を育てるというのが、いまのこの国の教育です。産学一体になっています。人間は〝こうあるべき〟と一度信じ込まされてしまうと、それを取り除くのは容易ではありません。そうして育ってきてしまった日本の人口の多数を占める会社員の意識を、変えていかなければならないでしょう。そして**人間としてどうあるべきか、お金がなくても、こころ豊かに生きることの大切さを伝える教育者が現れないといけないと思います。**

ドイツのアンゲラ・メルケル首相も福島第一原発事故を受け、原子力推進を反省し、脱原発に踏み切りました。国内でもいま、原発をつくったひとが自身の誤りを認め、情報を公開し、考えを改め、脱原発の方向へ活動を転換していっています。その勇気を、みんながもてるような社会になってほしいと願っています。

最後に、すばらしいブックレットを出版してくださったクレヨンハウスのみなさんには、大変お世話になり、感謝しています。

樋口健二

ひぐち・けんじ／1937年長野県富士見町生まれ。日本写真芸術専門学校副校長。85年から写真展「原発」を全国巡回。87年世界核写真家ギルド展に「原発」を出展し世界各国を巡回。2012年4〜5月写真展「原発崩壊」をオリンパスギャラリー（東京、大阪）にて開催。著書、写真集に『四日市』（六月社書房）、『原発』（オリジン出版センター）、『これが原発だカメラがとらえた被曝者』（岩波書店）、『環境破壊の衝撃1966—2007』（新風社）、『毒ガス島』『原発被曝列島（新装改訂版）』（ともに三一書房）、『闇に消される原発被曝者（増補新版）』（八月書館）、『原発崩壊1973年—2011年』（合同出版）、『樋口健二報道写真集成日本列島1966—2012（増補新版）』（こぶし書房）など多数。

連絡先／東京都国分寺市本町2-19-15
電話042・324・5346
樋口健二写真展実行委員会連絡先／電話とファックス043・423・8381（足立）

わが子からはじまる
クレヨンハウス・ブックレット　009
原発被ばく労働を知っていますか？

2012年7月30日　第一刷発行

著　者　樋口健二
発行人　落合恵子
発　行　株式会社クレヨンハウス
〒107・8630
東京都港区北青山3・8・15
TEL　03・3406・6372
FAX　03・5485・7502
e-mail　shuppan@crayonhouse.co.jp
URL　http://www.crayonhouse.co.jp
表紙イラスト　平澤一平
装　丁　岩城将志（イワキデザイン室）
図版作成　千秋社
印刷・製本　大日本印刷株式会社

ISBN 978-4-86101-223-5
C0336　NDC539
Printed in Japan